《

制作巧克力文字

Photoshop CS6
中文版应用教程(第三版)

》漫画波普T恤

《 彩虹效果

《 旧画报图像修复效果

《 摄影图片局部去除效果

Photoshop CS6
中文版应用教程(第三版)

>> 广告宣传版面效果

>> 花纹鱼效果

>> 模拟玻璃杯的透明效果

《 带阴影的图片合成效果

《 变天效果

Photoshop CS6
中文版应用教程(第三版)

» 照片修复效果

» 变色的郁金香效果

» 老照片效果

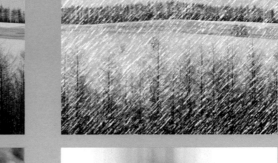

《 暴风雪效果

《 动态模糊效果

《 结婚请柬

Photoshop CS6
中文版应用教程(第三版)

反光标志效果

宣传海报效果

高等院校计算机规划教材·多媒体系列

Photoshop CS6 中文版应用教程
（第三版）

张凡　于元青　李岭　等编著

设计软件教师协会　审

中国铁道出版社有限公司
CHINA RAILWAY PUBLISHING HOUSE CO., LTD.

内 容 简 介

本书属于实例教程类图书。全书分为 9 章，内容包括 Photoshop CS6 基础知识、Photoshop CS6 工具与绘图、文字处理、图层、通道和蒙版、图像色彩和色调调整、路径和矢量图形、滤镜、综合实例等内容。

本书定位准确、教学内容新颖、深度适当。在编写形式上完全按照教学规律编写，因此非常适合实际教学。本书理论和实践的比例恰当，教材、光盘两者之间互相呼应，相辅相成，为教学和实践提供了极其方便的条件。特别适合应用型高等教育注重实际能力的培养目标，具有很强的实用性。

本书适合作为高等院校的教材，也可作为社会培训班的教材以及平面设计爱好者的自学参考书。

图书在版编目（CIP）数据

Photoshop CS6 中文版应用教程 / 张凡等编著. — 3 版.
—北京：中国铁道出版社，2013.2（2020.9重印）
高等院校计算机规划教材. 多媒体系列
ISBN 978-7-113-15984-9

Ⅰ. ①P⋯ Ⅱ. ①张⋯ Ⅲ. ①图象处理软件－高等学校－教材 Ⅳ. ①TP391.41

中国版本图书馆 CIP 数据核字（2013）第 011400 号

书　　名：	Photoshop CS6 中文版应用教程（第三版）
作　　者：	张　凡　于元青　李　岭　等

策　　划：	王春霞	编辑部电话：（010）63549458
责任编辑：	秦绪好　姚文娟	
封面设计：	付　巍	
封面制作：	白　雪	
责任印制：	樊启鹏	

出版发行：中国铁道出版社有限公司（100054，北京市西城区右安门西街 8 号）
网　　址：http://www.tdpress.com/51eds/
印　　刷：北京虎彩文化传播有限公司
版　　次：2008 年 12 月第 1 版　2010 年 12 月第 2 版　2013 年 3 月第 3 版　2020 年 9 月第 4 次印刷
开　　本：787mm×1092mm　1/16　印张：18.75　插页：8　字数：446 千
印　　数：6 501～7 000 册
书　　号：ISBN 978-7-113-15984-9
定　　价：45.00 元（附赠光盘）

高等院校计算机规划教材·多媒体系列

丛书序

随着数码影像技术的飞速发展以及软硬件设备的迅速普及，数码技术在艺术设计领域中应用的技术门槛也得以真正降低，Photoshop、Illustrator、Flash、3ds Max、Premiere 等一系列软件已成为设计领域中不可或缺的重要工具。

然而，面对市面上琳琅满目的计算机设计类图书，常常令渴望接近计算机设计领域的人们无从选择。根据对国内现有的同类教材的调查发现，许多教材虽然都冠以设计之名，并辅以大量篇幅的实例教学，但所选案例在设计意识与设计品味方面并不尽如人意；加之各家软件公司不断在全球进行一轮又一轮的新品推介，计算机设计类图书也被迫不断追逐着频繁升级的版本的脚步，在案例的设置与更新方面常常不能顾及设计潮流的变更，因此，不能使读者在学习软件的同时逐步建立起计算机设计的新思维。

这套"高等院校计算机规划教材·多媒体系列"教材从实用角度出发，尽量让读者能够真正学习到完整的软件应用知识和实用、有效的设计思路。无论是整体的结构安排还是章节的讲解顺序，都是以"基础知识—进阶案例—高级案例"为主线进行的。"基础知识"部分用简练的语言把错综复杂的知识串联起来，并且强调了软件学习的重点与难点。"案例部分"不但囊括了所有知识点的操作技巧，并且以近年来最新出现的数字艺术风格，最新的软件技巧、媒介形式，以及新的设计概念为依据进行案例的设置，结合平面与动画设计中面临的实际课题。一方面注重培养学生对于技术的敏感性和快速适应能力，使他们能注意到技术变化带来的各种新的可能性，消除技术所形成的障碍；另一方面也使学生能够多方面、多视角地理解与掌握计算机设计的时尚语言，扩展了对传统视觉设计范畴的认识。

整套教材的特点体现以下几个方面：

- 三符合：符合本专业教学大纲，符合市场上技术发展潮流，符合各高校新课程设置需要。
- 三结合：相关企业制作经验、教学实践和社会岗位职业标准紧密结合。
- 三联系：理论知识、对应项目流程和就业岗位技能紧密联系。
- 三适应：适应新的教学理念，适应学生知识水平，适应用人岗位要求。
- 技术新、任务明、步骤详细、实用性强，专为数字艺术紧缺人才量身订做。
- 基础知识与具体范例操作紧密结合，边讲边练，学习轻松，容易上手。
- 课程内容安排科学合理，辅助教学资源丰富，方便教学，重在原创和创新。
- 理论精练全面、任务明确具体、技能实操可行，即学即用。

本套丛书由设计软件教师协会组织编写，编者均是北京市教委评定的高校精品教材获奖者。

教材的知识点、难点和重点分配合理，练习贴切；光盘包含多媒体视频教学和电子课件。本套教材按照教学规律编写，教材、光盘两者之间互相呼应，相辅相成，为教学和实践提供了极其方便的条件。

丛书编审委员会

第三版前言

Photoshop 是目前世界公认的权威性的图形图像处理软件，目前最新的版本为 Adobe Photoshop CS6 中文版。它的功能完善，性能稳定，使用方便，所以在平面广告设计、室内装潢、数码相片处理等领域成为了不可或缺的工具。近年来，随着个人计算机的普及，使用 Photoshop 的个人用户也日益增多。

本书属于实例教程类图书，全书分为 9 章，每章前面为基础知识讲解，后面为具体实例应用。本书与上一版相比，在实例部分添加了漫画波普 T 恤制作、制作巧克力文字、制作名片效果、制作老照片效果等实战性更强的实例。本书的主要内容如下：

第 1 章　Photoshop CS6 基础知识。主要介绍了图像的设计理念和图像处理的相关概念。

第 2 章　Photoshop CS6 工具与绘图。介绍了多种创建和修改选区的方法。

第 3 章　文字处理。介绍了在 Photoshop CS6 中输入和编辑文本，以及设置文本格式的方法。

第 4 章　图层。介绍了图层的相关知识和基本操作，以及多种混合模式。

第 5 章　通道和蒙版。介绍了 Photoshop CS6 通道与蒙版的相关知识。

第 6 章　图像色彩和色调调整。介绍了利用 Photoshop CS6 进行色彩和色调调整的方法。

第 7 章　路径和矢量图形。介绍了利用钢笔工具绘制路径、路径面板和剪切路径的应用。

第 8 章　滤镜。介绍了滤镜的工作原理，以及特殊滤镜和内部滤镜的使用方法。

第 9 章　综合实例。综合利用前面各章的知识，将技术与艺术相结合，理论联系实际，教读者制作目前流行的标志和请柬。

本书是"设计软件教师协会"推出的系列教材之一，内容丰富、结构清晰、实例典型、讲解详尽、富于启发性。全部实例都是由多所院校（中央美术学院、北京师范大学、清华大学美术学院、北京电影学院、中国传媒大学、天津美术学院、天津师范大学艺术学院、首都师范大学、山东理工大学艺术学院、河北职业艺术学院）具有丰富教学经验的知名教师和一线优秀设计人员从长期教学和实际工作中总结出来的，每个实例都包括制作要点和操作步骤两部分。为了便于读者学习，每章最后还有课后练习，同时配套光盘中含有大量高清晰度的教学视频文件。

本书由张凡、于元青、李岭等编著。参与本书编写的人员还有谭奇、冯贞、顾伟、李松、程大鹏、关金国、许文开、宋毅、李波、宋兆锦、孙立中、肖立邦、韩立凡、王浩、张锦、曲付、李羿丹、刘翔、田富源、谌宝业、刘若海、郭开鹤、王上、张雨薇、蔡曾谙。

本书适合作为高等院校相关专业或社会培训班的教材，也可作为平面设计爱好者的自学参考书。

第二版前言

Photoshop 是目前世界公认的权威性的图形图像处理软件。它的功能完善，性能稳定，使用方便，所以在平面广告设计、室内装潢、数码相片处理等领域成为了不可或缺的工具。近年来，随着个人计算机的普及，使用 Photoshop 的个人用户也日益增多。

本书属于实例教程类图书，全书分为 9 章，每章前面为基础知识讲解，后面为具体实例应用。本书与上一版相比，在实例部分添加了电影海报设计、后期处理建筑效果图等实战性更强的实例。本书的主要内容如下：

第 1 章　图像的相关基础知识。主要讲解了图像的设计理念和图像处理的相关概念。

第 2 章　图像的选取。讲解了多种创建和修改选区的方法。

第 3 章　图像的绘制与处理。讲解了 Photoshop CS4 中常用的绘图工具、历史画笔工具、填充工具、图章工具、擦除工具、图像修复和修饰工具的使用。

第 4 章　图层的应用。讲解了图层的相关知识和基本操作，以及多种混合模式。

第 5 章　通道与蒙版。讲解了 Photoshop CS4 通道与蒙版的相关知识。

第 6 章　色彩校正。讲解了利用 Photoshop CS4 进行色彩和色调调整的方法。

第 7 章　路径的应用。讲解了利用钢笔工具绘制路径、路径面板和剪切路径的应用。

第 8 章　滤镜的应用。讲解了滤镜的工作原理，以及特殊滤镜和内部滤镜的使用方法。

第 9 章　综合实例。综合利用前面各章的知识，将技术与艺术相结合，理论联系实际，教读者制作目前流行的标志、商业插画和海报。

本书是"设计软件教师协会"推出的系列教材之一，实例内容丰富、结构清晰、实例典型、讲解详尽、富于启发性。全部实例都是由多所院校（中央美术学院、北京师范大学、清华大学美术学院、北京电影学院、中国传媒大学、天津美术学院、天津师范大学艺术学院、首都师范大学、山东理工大学艺术学院、河北职业艺术学院）具有丰富教学经验的知名教师和一线优秀设计人员从长期教学和实际工作中总结出来的，每个实例都包括制作要点和操作步骤两部分。为了便于读者学习，每章最后还有课后练习，同时配套光盘中含有大量高清晰度的教学视频文件。

参与本书编写的人员还有李岭、谭奇、冯贞、顾伟、李松、程大鹏、关金国、许文开、宋毅、李波、宋兆锦、于元青、孙立中、肖立邦、韩立凡、王浩、张锦、曲付、李羿丹、刘翔、田富源、谌宝业、刘若海、郭开鹤、王上、张雨薇、蔡曾谱。

本书既可作为大专院校相关专业师生或社会培训班的教材，也可作为平面设计爱好者的自学用书和参考用书。

第一版前言

Photoshop 是目前世界公认的权威性的图形图像处理软件。它的功能完善，性能稳定，使用方便，所以在平面广告设计、室内装潢、数码相片处理等领域成为了不可或缺的工具。近年来，随着个人计算机的普及，使用 Photoshop 的个人用户也日益增多。

本书属于实例教程类图书，全书分为 9 章，每章前面为基础知识讲解，后面为具体实例应用。其主要内容如下：

第 1 章　Photoshop CS3 基础知识。主要讲解了图像的设计理念、图像处理的相关概念和 Photoshop CS3 的界面布局。

第 2 章　Photoshop CS3 工具与绘图。讲解了多种绘图工具和图像修饰工具的使用。

第 3 章　文字处理。讲解了在 Photoshop CS3 中输入和编辑文本的方法。

第 4 章　图层。讲解了图层的相关知识和基本操作。

第 5 章　通道和蒙版。讲解了 Photoshop CS3 通道与蒙版的相关知识。

第 6 章　图像色彩和色调调整。讲解了利用 Photoshop CS3 进行色彩和色调调整的方法。

第 7 章　路径和矢量图形。讲解了路径的绘制和编辑方法。

第 8 章　滤镜。讲解了 Photoshop CS3 的内部滤镜和特殊滤镜的使用方法。

第 9 章　综合实例。综合利用前面各章的知识，通过两个实例，将技术与艺术相结合，旨在使读者理论联系实际，制作出自己的作品。

本书是"设计软件教师协会"推出的系列教材之一，本书实例内容丰富、结构清晰、实例典型、讲解详尽、富于启发性。全部实例都是由多所院校（中央美术学院、北京师范大学、清华大学美术学院、北京电影学院、中国传媒大学、天津美术学院、天津师范大学艺术学院、首都师范大学、河北职业艺术学院）具有丰富教学经验的知名教师和一线优秀设计人员从长期教学和实际工作中总结出来的，每个实例都包括制作要点和操作步骤两部分。为了便于读者学习，每章最后还有课后练习，同时配套光盘中含有大量高清晰度的教学视频文件。

参与本书编写的人员有：张凡、李岭、于元青、李建刚、程大鹏、李波、肖立邦、顾伟、宋兆锦、冯贞、王世旭、李羿丹、关金国、郑志宇、许文开、郭开鹤、宋毅、孙立中、于娥、张锦、王浩、韩立凡、王上、张雨薇、李营、田富源。

本书既可作为高等院校相关专业师生或社会培训班的教材，也可作为平面设计爱好者的自学用书和参考用书。

目 录

第1章　Photoshop CS6 基础知识 1

1.1　图像的设计理念 1

　　1.1.1　相关设计术语 1

　　1.1.2　色彩的运用 3

　　1.1.3　常用设计意念的方法 3

1.2　图像处理的基本概念 6

　　1.2.1　位图与矢量图 6

　　1.2.2　分辨率 7

　　1.2.3　色彩深度 9

　　1.2.4　图像的格式 9

　　1.2.5　常用文件存储格式 10

1.3　Photoshop CS6 的启动和退出 11

1.4　Photoshop CS6 工作界面 12

　　1.4.1　菜单栏 12

　　1.4.2　工具箱和选项栏 13

　　1.4.3　面板 14

　　1.4.4　状态栏 15

1.5　课后练习 15

第2章　Photoshop CS6 工具与绘图 16

2.1　图像选区的选取 16

　　2.1.1　选框工具组 16

　　2.1.2　套索工具组 17

　　2.1.3　魔棒工具组 19

　　2.1.4　"色彩范围"命令 21

2.2　图像选区的编辑 22

　　2.2.1　选区基本操作 23

　　2.2.2　选区修改操作 24

　　2.2.3　选区存储与载入 27

2.3　绘图工具 29

　　2.3.1　画笔工具 29

　　2.3.2　铅笔工具 33

2.4　历史画笔工具 34

　　2.4.1　历史记录画笔工具 34

　　2.4.2　历史记录艺术画笔工具 ...35

2.5　填充工具 35

　　2.5.1　渐变工具 36

　　2.5.2　油漆桶工具 38

2.6　图章工具 38

　　2.6.1　仿制图章工具 38

　　2.6.2　图案图章工具 39

2.7　擦除工具 40

　　2.7.1　橡皮擦工具 40

　　2.7.2　背景橡皮擦工具 41

　　2.7.3　魔术橡皮擦工具 42

2.8　图像修复工具 42

　　2.8.1　修复画笔工具 43

　　2.8.2　污点修复画笔工具 43

　　2.8.3　修补工具 44

　　2.8.4　内容感知移动工具 45

　　2.8.5　红眼工具 46

2.9　图像修饰工具 46

　　2.9.1　涂抹、模糊和锐化
　　　　　工具 46

　　2.9.2　减淡、加深和海绵
　　　　　工具 49

2.10　实例讲解 50

　　2.10.1　彩虹效果 50

　　2.10.2　旧画报图像修复
　　　　　　效果 53

　　2.10.3　摄影图片局部去除
　　　　　　效果 56

2.11　课后练习 58

第3章　文字处理 60

3.1　输入文本 60

　　3.1.1　输入点文字 60

　　3.1.2　输入段落文字 61

3.2　设置文本格式 61

3.2.1 设置字符格式........61
3.2.2 设置段落格式........63
3.3 编辑文本........64
3.3.1 文本的旋转和变形........64
3.3.2 消除文字锯齿........65
3.3.3 更改文本排列方式........65
3.3.4 将文本转换为选取
范围........66
3.3.5 将文本转换为路径和
形状........66
3.3.6 沿路径排列文本........67
3.4 实例讲解........67
3.4.1 广告宣传版面效果1....67
3.4.2 广告宣传版面效果2....73
3.4.3 制作巧克力文字........76
3.5 课后练习........87

第4章 图层........88
4.1 图层的概述........88
4.2 "图层"面板和菜单........89
4.2.1 "图层"面板........89
4.2.2 "图层"菜单........90
4.3 图层类型........91
4.3.1 普通图层........91
4.3.2 背景图层........92
4.3.3 调整图层........92
4.3.4 文本图层........94
4.3.5 填充图层........94
4.3.6 矢量形状图层........96
4.4 图层的操作........96
4.4.1 创建和使用图层组....96
4.4.2 移动、复制和
删除图层........98
4.4.3 调整图层的叠放次序....98
4.4.4 图层的锁定........99
4.4.5 图层的链接与合并....99
4.4.6 对齐和分布图层....100
4.5 图层蒙版........102
4.5.1 建立图层蒙版........102
4.5.2 删除图层蒙版........103
4.6 图层样式........104

4.6.1 设置图层样式........104
4.6.2 图层样式的种类....105
4.6.3 使用样式面板........113
4.7 混合图层........114
4.7.1 一般图层混合模式....115
4.7.2 高级图层混合模式....121
4.8 实例讲解........122
4.8.1 花纹鱼效果........122
4.8.2 变天效果........124
4.8.3 带阴影的图片合成
效果........126
4.8.4 模拟玻璃杯的透明
效果........129
4.8.5 名片效果........132
4.9 课后练习........139

第5章 通道和蒙版........140
5.1 通道的概述........140
5.2 通道面板........141
5.3 Alpha 通道........142
5.3.1 新建 Alpha 通道....143
5.3.2 将选区保存为通道....143
5.3.3 将通道作为选区载入....144
5.4 通道的操作........144
5.4.1 复制和删除通道....145
5.4.2 分离和合并通道....145
5.5 通道计算和应用图像........147
5.5.1 使用应用图像命令....147
5.5.2 使用"计算"命令....148
5.6 蒙版的产生和编辑........149
5.6.1 蒙版的产生........150
5.6.2 快速蒙版........150
5.7 实例讲解........151
5.7.1 通道抠像效果........151
5.7.2 木板雕花效果........153
5.7.3 金属字效果........155
5.8 课后练习........160

第6章 图像色彩和色调调整........161
6.1 整体色彩的快速调整........161
6.1.1 亮度／对比度........161

6.1.2 变化 162
6.2 色调的精细调整 163
6.2.1 色阶 163
6.2.2 曲线 165
6.2.3 色彩平衡 167
6.2.4 色相／饱和度 168
6.2.5 匹配颜色 169
6.2.6 替换颜色 170
6.2.7 可选颜色 171
6.2.8 通道混合器 172
6.2.9 照片滤镜 173
6.2.10 阴影／高光 174
6.2.11 曝光度 175
6.3 特殊效果的色调调整 176
6.3.1 去色 176
6.3.2 渐变映射 176
6.3.3 反相 177
6.3.4 色调均化 178
6.3.5 阈值 178
6.3.6 色调分离 179
6.4 实例讲解 179
6.4.1 变色的郁金香效果 179
6.4.2 黑白老照片去黄效果 180
6.4.3 匹配颜色效果 183
6.4.4 老照片效果 184
6.5 课后练习 193
第7章 路径和矢量图形 195
7.1 路径的概述 195
7.2 路径面板 196
7.3 路径的创建和编辑 197
7.3.1 利用钢笔工具创建
路径 197
7.3.2 利用自由钢笔工具创建
路径 199
7.3.3 利用"路径"面板创建
路径 199
7.3.4 添加锚点工具 200
7.3.5 删除锚点工具 200
7.3.6 转换点工具 201
7.4 选择和变换路径 201

7.4.1 选择锚点或路径 201
7.4.2 移动锚点或路径 202
7.4.3 变换路径 202
7.5 应用路径 202
7.5.1 填充路径 202
7.5.2 描边路径 203
7.5.3 删除路径 203
7.5.4 将路径转换为选区 204
7.5.5 将选区转换为路径 204
7.6 创建路径形状 205
7.7 实例讲解 206
7.7.1 照片修复效果 206
7.7.2 音乐海报效果 209
7.7.3 宣传海报效果 216
7.8 课后练习 222
第8章 滤镜 224
8.1 直接应用滤镜 224
8.2 在单独的滤镜对话框中
应用滤镜 224
8.3 使用滤镜库 224
8.3.1 认识滤镜库 225
8.3.2 滤镜库的应用 226
8.4 使用 Photoshop CS6
普通滤镜 227
8.4.1 "风格化"滤镜组 227
8.4.2 "模糊"滤镜组 229
8.4.3 "扭曲"滤镜组 231
8.4.4 "锐化"滤镜组 233
8.4.5 "视频"滤镜组 234
8.4.6 "像素化"滤镜组 234
8.4.7 "渲染"滤镜组 235
8.4.8 "杂色"滤镜组 236
8.4.9 "其他"滤镜 237
8.4.10 Digimarc 滤镜 238
8.5 使用 Photoshop CS6
特殊滤镜 238
8.5.1 自适应广角 238
8.5.2 镜头校正 240
8.5.3 液化 241
8.5.4 油画 242

8.5.5 消失点 243
8.6 实例讲解 243
8.6.1 球面文字效果 243
8.6.2 暴风雪效果 246
8.6.3 漫画波普 T 恤制作 .. 248
8.6.4 包装盒贴图效果 257

8.7 课后练习 259
第 9 章 综合实例 261
9.1 反光标志效果 261
9.2 制作请柬内页效果 269
9.3 课后练习 286

第 1 章

Photoshop CS6 基础知识

本章重点

Photoshop 是平面设计中常用的一个软件，在使用该软件之前应对平面设计的一些基础理论有个整体认识。通过本章学习应掌握以下内容：

- 图像的设计理念
- 图像处理的基本概念
- Photoshop CS6 的启动和退出
- Photoshop CS6 工作界面

1.1　图像的设计理念

1.1.1　相关设计术语

做设计首先要明白什么是设计，只有理解了其中的含义，才会懂得如何去做。下面就对几个常见的术语进行解释。

1. 设计的概念

设计一词来源于英文"design"，其涉及的范围和门类很广，诸如：建筑、工业、环艺、装潢、展示、服装、平面设计等。设计是科技与艺术的结合，是商业社会的产物，在商业社会中需要艺术设计与创作理论的平衡，需要作品来表达信息及思想。

设计与美术不同，设计既要符合审美性又要具有实用性，设计是一种需要，而不仅仅是装饰、装潢。

设计需要精益求精，不断完善，需要挑战自我。设计的关键之处在于发现，只有通过不断深入的感受和体验才能设计出好的作品，打动别人对于设计师来说是一种挑战。设计要让人感动，细节本身就能感动人，图形创意能打动人，色彩品位能感染人，材料质地能吸引人。设计是将多种元素艺术化地组合在一起。另外，设计师更应该明白，自身严谨的态度更能引起人们心灵的震动。

2. 平面设计的概念

设计是有目的的策划，平面设计是策划的一种表现形式。在平面设计中，设计师需要用视觉元素来传播其设想和计划，用文字和图形将信息传达给人们，让人们通过这些视觉元素来了解设计师的设想和计划。一个视觉作品的生存底线，应该看它是否具有感动他人的能量，是否能够顺利地传递出作品背后的信息，事实上它更像人际关系学，依靠魅力来征服对象。事实上，平面设计者所担任的是多重角色，需要知己知彼，需要调查对象，且成为对象中的一员，却又不是投其所好、夸夸其谈。平面设计是一种与特定目的有着密切联系的艺术。

平面设计的分类有很多，如形象设计、字体设计、书籍装帧设计、包装设计、海报／招贴设计等，可以说，有多少种需要就有多少种设计，这其中还存在着商业设计与艺术设计。

3. 什么是 CI/VI

CIS 是 Corporate Identity System 的缩写，意思是企业形象识别系统。20 世纪 60 年代，美国人首先提出了企业 CI 设计这一概念。

对于企业内部来说，可通过 CI 设计对办公系统、生产系统、管理系统以及营销、包装、广告等宣传形象进行规范设计和统一管理，由此调动企业每位职员的积极性、归属感和认同感，使各职能部门各司其职、有效合作。对于企业外部而言，则可通过一体化的符号形式来代表企业的独特形象，便于公众辨别、认同，促进企业产品和服务的推广。

CIS 是由 MI (Mind Identity，理念识别)、BI (Behavior Identity，行为识别)、VI (Visual Identity，视觉识别) 三部分组成的。在 CIS 的三大构成部分中，其核心是 MI，它是整个 CIS 的最高决策层，为整个系统奠定了理论基础和行为准则，并通过 BI 与 VI 表达出来。所有的行为活动与视觉设计都是围绕 MI 这个中心展开的，成功的 BI 与 VI 就是将企业的独特精神准确地表达出来。

1) MI

MI 旨在确立企业自己的经营理念，即企业对目前和将来一定时期内的经营目标、经营思想、经营方式和营销状态进行总体规划和界定。企业理念对内影响企业的决策、活动、制度和管理等，对外影响企业的公众形象、广告宣传等。

MI 的主要内容包括：企业精神、企业价值观、企业文化、企业信条、经营理念、经营方针、市场定位、产业构成、组织体制、管理原则、社会责任和发展规划等。

2) BI

BI 直接反映企业理念的特殊性，是企业实践经营理念与创造企业文化的行为准则，是对企业运作方式进行统一规划而形成的动态识别系统，包括对内的组织管理和教育，对外的公共关系、促销活动、社会性的文化活动等，通过一系列的实践活动将企业理念的精神实质推广到企业内部的每一个角落，汇集员工巨大的精神力量。

BI 包括以下内容：

(1) 对内：组织体制、管理规范、行为规范、干部教育、职工教育、工作环境、生产设备和福利制度等。

(2) 对外：市场调查、公共关系、营销活动、流通政策、产品研发、公益性和文化性活动等。

3) VI

VI 是以标志、标准字、标准色为核心而展开的完整的、系统的视觉表达体系。VI 设计将上述的企业理念、企业文化、服务内容、企业规范等抽象概念转换为具体符号，从而塑造出独立的企业形象。在 CI 设计中，视觉识别设计最具传播力和感染力，最易被公众接受，具有很重要的意义。

一套完整的 VI 系统包括基本要素系统和应用要素系统两方面：

基本要素系统：企业名称、企业标志、企业造型、标准字、标准色、象征图案和宣传口号等。

应用要素系统：产品造型、办公用品、企业环境、交通工具、服装服饰、广告媒体、招牌、包装系统、公务礼品、陈列展示及印刷出版物等。

1.1.2　色彩的运用

色彩的运用是一门学问。一件设计作品一般包括 3 个元素：色彩、图像和文字。在这 3 个元素中，色彩最为重要。人对色彩是很敏感的，当首次接触一件设计作品时，最先吸引其注意力的就是作品的颜色，其次是图像，最后才是文字。所以，设计师一定要通过色彩去表达设计意念。下面就来介绍色彩三原色的相关知识。

人眼所见的各种色彩是由光线的不同波长所造成的，实验发现，人类肉眼对其中 3 种波长的光感受特别强烈，只要适当调整这 3 种色彩的强度，就可以呈现出几乎所有的颜色。这 3 种颜色称为光的三原色（RGB），即红色（Red）、绿色（Green）和蓝色（Blue）。所有的彩色电视机、屏幕都具备产生这 3 种基本光线的发光装置。

因为这 3 种光线不同比例的混合几乎可以呈现出所有的颜色，所以计算机中就用 RGB 3 个数值的大小来标示颜色，每种颜色用 8 位来记录，可以有 256 种（0 ～ 255）亮度的变化，这 3 种颜色按不同的比例混合，就有 1 677 多种颜色，这就是我们常说的 24 位全彩。

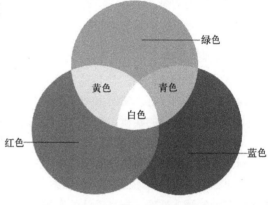

由于光线是越加越亮的，因此将这 3 种颜色两两混合可以得到更亮的中间色：黄色（Yellow）、青色（Cyan）和洋红色（Magenta）。

所谓补色，是指由两种原色（完全不含第 3 种颜色）混合产生的颜色，该颜色即为该第 3 种原色的补色。如黄色是由红绿两色合成，完全不含蓝色，因此黄色成为蓝色的补色，从色相图中可以看出两个补色隔着白色相对，如图 1-1 所示。将两个补色相加会得到白色。

图 1-1　三原色与互补色

而印刷油墨的特性刚好和光线相反，油墨是吸收光线，而不是增强光线，因此油墨的三原色必须是可以分别吸收红、绿、蓝的颜色，即红、绿、蓝的补色：青、洋红和黄色。

1.1.3　常用设计意念的方法

从事设计就得懂设计方法，下面就介绍几种常用的设计意念的方法。

1. 直接展示法

这是一种最常见、运用十分广泛的表现手法。它将某产品或主题直接如实地展示在广告版面上，充分运用摄影或绘画等的写实表现能力，细致地刻画并着力渲染产品的质感、形态、功能和用途，将产品精美的质地呈现出来，给人以逼真的感觉。

这种手法直接将产品推到消费者面前，所以要十分注意画面上产品的组合和展示的角度，应着力突出产品本身最容易打动人的部位，运用色光和背景进行烘托，使产品置身于一个具有感染力的空间，这样才能增强广告画面的视觉冲击力。

2．突出特征法

运用各种方式强调产品或主题本身与众不同的特征，并将其鲜明地表现出来，可以将这些特征置于广告画面的主要视觉部位或加以烘托处理，使观众在接触画面的瞬间便能很快感受到，并对齐产生兴趣，从而达到刺激购买欲望的目的。

在广告表现中，这些要加以突出和渲染的特征，一般由富于个性的产品形象、与众不同的特殊能力、厂商的企业标志和产品的商标等要素来决定。

突出特征的手法也是常见的表现手法，是突出广告主体的重要手法之一，有着不可忽略的表现价值。

3．对比衬托法

对比是一种趋向对立冲突的艺术表现手法。它将作品中所描绘事物的性质和特点放在鲜明的对照和直接的对比中来表现，借彼显此，互比互衬。这种手法可以鲜明地强调或提示产品的性能和特点，给消费者以深刻的视觉感受。

可以说，一切艺术都受惠于对比表现手法。作为一种常见的行之有效的表现手法，对比手法的运用，不仅加强了广告主题表现力度，而且饱含情趣，增强了广告作品的感染力。对比手法运用得当，能使貌似平凡的画面隐含丰富的内涵，展示出广告主题的不同层次和深度。

4．合理夸张法

夸张是借助想象，对广告作品中所宣传对象的品质或特性的某个方面进行相当明显的夸大，以加深或扩大这些特征。文学家高尔基指出："夸张是创作的基本原则。"通过这种手法能够更鲜明地强调或揭示事物的实质，加强作品的艺术效果。

夸张是一种在一般中求新奇的表现手法，通过虚构将对象的特点和个性中美的方面进行夸大，赋予人们一种新奇与变化的情趣。

按其表现手法，夸张可以分为形态夸张和神情夸张两种类型，前者为表现性的处理，后者则为含蓄性的神态处理。夸张手法的运用，为广告的艺术美注入了浓郁的感情色彩，使产品的特征更鲜明、突出和动人。

5．以小见大法

在广告设计中，对立体形象进行强调、取舍、浓缩，以独到的想象抓住一点或一个局部加以集中描写或延伸放大，以便充分地表达主题思想。这种方法就是以小见大法。这种艺术处理以一点观全面、以小见大、给设计者带来了很大的灵活性和无限的表现力，同时也为接受者提供了广阔的想象空间，由此获得生动的情趣和丰富的联想。

以小见大的"小"，是广告画面描写的焦点和视觉兴趣中心，它既是广告创意的浓缩和精彩，也是设计者独具匠心的安排，因而它已不是一般意义的"小"，而是小中寓大，以小胜大的高度提炼的产物，是简洁的刻意追求。

6．产生联想法

在审美的过程中，通过丰富的联想，能突破时空的界限，扩大艺术形象的范围，加深画面的意境。

通过联想，人们在审美对象上看到自己或想到与自己有关的经验，这时美感往往显得特别

1.2.3　色彩深度

　　色彩深度是指一幅图像的颜色数量，常用的色彩深度有 1 位、8 位、24 位和 32 位。一幅色彩深度为 1 位的图像包括 2^1 种颜色，所以 1 位图像最多可由黑和白两种颜色组成；一幅色彩深度为 8 位的图像包含 2^8 种颜色，或 256 级灰阶，每个像素的颜色可以是 256 种颜色中的一种；一幅色彩深度为 24 位的图像包括 2^{24} 种颜色；一幅色彩深度为 32 位的图像包括 2^{32} 种颜色。

1.2.4　图像的格式

1. 位图模式

　　位图模式的图像又称黑白图像，是用两种颜色值（黑白）来表示图像中的像素。它的每一个像素都是用 1 bit 的位分辨率来记录色彩信息的，因此它所要求的磁盘空间最少。图像在转换为位图模式之前必须先转换为灰度模式。它是一种单通道模式。

2. 灰度模式

　　灰度模式图像的每一个像素是由 8 bit 的位分辨率来记录色彩信息的，因此可产生 256 级灰阶。灰度模式的图像只有明暗值，没有色相和饱和度这两种颜色信息。其中 0% 为黑色，100% 为白色，K 值是用来衡量黑色油墨用量的。使用黑白和灰度扫描仪产生的图像常以灰度模式显示，它是一种单通道模式。

3. 双色调模式

　　要转成双色调模式必须先转成灰度模式。双色调模式包括 4 种类型：单色调、双色调、三色调和四色调。使用双色调模式最主要的用途是使用尽量少的颜色表现尽量多的颜色层次，这对于减少印刷成本是很重要的，因为在印刷时每增加一种色调都需要更大的成本。它是一种单通道模式。

4. 索引颜色模式

　　索引颜色的图像与位图模式（1 位／像素）、灰度模式（8 位／像素）和双色调模式（8 位／像素）的图像一样都是单通道图像（8 位／像素），索引颜色使用包含 256 种颜色的颜色查找表。此模式主要用于网上和多媒体动画，该模式的优点在于可以减小文件大小，同时保持视觉品质上不变。缺点在于颜色少，如果要进一步编辑，应转换为 RGB 模式。当图像转换为索引颜色时，Photoshop 会构建一个颜色查找表（CLUT）。如果原图像中的一种颜色没有出现在查找表中，程序会从可使用颜色中选出最接近颜色来模拟这些颜色。颜色查找表可在转换过程中定义或在生成索引图像后修改，它是一种单通道模式。

5. RGB 模式

　　RGB 模式主要用于视频等发光设备：显示器、投影设备、电视、舞台灯等。这种模式包括三原色——红（R）、绿（G）、蓝（B），每种色彩都有 256 种颜色，每种色彩的取值范围是 0 ～ 255，这 3 种颜色混合可产生 16 777 216 种颜色。RGB 模式是一种加色模式（理论上），因为当红、绿、蓝都为 255 时，为白色；均为 0 时，为黑色；均为相等数值时为灰色。换句话说可把 R、G、B 理解成三盏灯光，当这三盏灯光都打开，且为最大数值 255 时，即可产生白色。当这三盏灯光全部关闭时，即为黑色。在该模式下所有的滤镜均可用。

6．CMYK 模式

CMYK 模式是一种印刷模式。这种模式包括四原色——青（C）、洋红（M），黄（Y）、黑（K），每种颜色的取值范围是 0%～100%。CMYK 是一种减色模式（理论上），我们的眼睛理论上是根据减色的色彩模式来辨别色彩的。太阳光包括地球上所有的可见光，当太阳光照射到物体上时，物体吸收（减去）一些光，并把剩余的光反射回去。我们看到的就是这些反射的色彩。例如：高原上太阳紫外线很强，为了避免烧伤，浅色和白色的花居多，如果是白色花则是花没有吸收任何颜色；再如自然界中黑色花很少，因为花是黑色意味着它要吸收所有的光，而这对花来说可能被烧伤。在 CMYK 模式下有些滤镜不可用，而在位图模式和索引模式下所有滤镜均不可用。在 RGB 和 CMYK 模式下大多数颜色是重合的，但有一部分颜色不重合，这部分颜色就是溢色。

7．Lab 模式

Lab 模式是一种国际标准色彩模式（理想化模式），它与设备无关，它的色域范围最广（理论上包括了人眼可见的所有色彩，它可以弥补 RGB 和 CMYK 模式的不足），如图 1-4 所示。该模式有 3 个通道：L 亮度，取值范围 0～100；a、b 色彩通道，取值范围 −128～+127。其中 a 代表从绿到红，b 代表从蓝到黄（希腊人把 a、b 称为 α、β）。Lab 模式在 Photoshop 中很少使用，其实它一直充当着中介的角色。例如：计算机将 RGB 模式转换为 CMYK 模式时，实际上是先将 RGB 模式转换为 Lab 模式，然后 Lab 模式转换为 CMYK 模式。

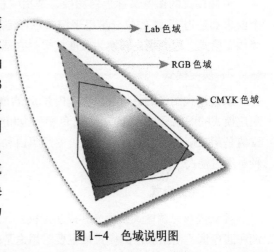

图 1-4　色域说明图

8．HSB 模式

HSB 模式是基于人眼对色彩的感觉。H 代表色相，取值范围是 0～360；S 代表饱和度（纯度），取值范围是 0%～100%；B 代表亮度（色彩的明暗程度），取值范围是 0%～100%。当全亮度和全饱和度相结合时，会产生任何最鲜艳的色彩。在该模式下有些滤镜不可用，而在位图模式和索引模式下所有滤镜均不可用。

1.2.5　常用文件存储格式

1．PSD 格式

它是 Photoshop 软件自身的格式，这种格式可以存储 Photoshop 中所有图层、通道和剪切路径等信息。

2．BMP 格式

BMP 格式是一种 DOS 和 Windows 平台上常用的一种图像格式。它支持 RGB、索引颜色、灰度和位图颜色模式，但不支持 Alpha 通道，也不支持 CMYK 模式的图像。

3．TIFF 格式

TIFF 格式是一种无损压缩格式（采用的是 LZW 压缩）。它支持 RGB、CMYK、Lab、索引颜色、位图和灰度模式，而且在 RGB、CMYK 和灰度三种颜色模式中还支持使用通道（Channel）、图层和剪切路径。因此在 Pagemaker 中常使用这种格式。

4．JPEG 格式

JPEG 格式是一种有损压缩的网页格式，不支持 Alpha 通道也不支持透明。当存为此格式时，会弹出"JPEG"选项对话框，在"品质"中设置数值越高，图像品质越好，文件也越大。它也支持 24 位真彩色的图像，因此适用于色彩丰富的图像。

5．GIF 格式

GIF 格式是一种无损压缩（采用的是 LZW 压缩）的网页格式。支持 256 色（8 位图像），支持一个 Alpha 通道，支持透明和动画格式。目前 GIF 存在两类：GIF87a（严格不支持透明像素）和 GIF89a（允许某些像素透明）。

6．PNG 格式

PNG 格式是 Netscape 公司开发出来的一种无损压缩的网页格式。PNG 格式将 GIF 和 JPEG 最好的特征结合起来，它支持 24 位真彩色，无损压缩，支持透明和 Alpha 通道。PNG 格式不完全支持所有浏览器，所以在网页中要比 GIF 和 JPEG 格式使用少得多，但随着网络的发展和因特网传输速度的改善，PNG 格式将是未来网页中使用的一种标准图像格式。

7．PDF 格式

PDF 格式可跨平台操作，可在 Windows、Mac OS、UNIX 和 DOS 环境下浏览（用 Acrobat Reader）。它支持 Photoshop 格式所支持的所有颜色模式和功能，支持 JPEG 和 ZIP 压缩（但使用 CCITT Group 4 压缩的位图模式图像除外），支持透明，但不支持 Alpha 通道。

8．Targa 格式

Targa 格式专门用于使用 Truevision 视频卡的系统，而且通常受 MS-DOS 颜色应用程序的支持。Targa 格式支持 24 位 RGB 图像（8 位 ×3 个颜色通道）和 32 位 RGB 图像（8 位 ×3 个颜色通道外加一个 8 位 Alpha 通道）。Targa 格式也支持无 Alpha 通道的索引颜色和灰度图像。以这种格式存储 RGB 图像时，可选择像素深度。

9．Photoshop DCS(*EPS)

DCS 是一种标准 EPS 格式的一种特殊格式，它支持剪切路径（Clipping Path），支持去背功能。DCS 2.0 支持多通道模式与 CMYK 模式，可以包含 Alpha 通道和多个专色通道的图像。

1.3　Photoshop CS6 的启动和退出

将 Photoshop CS6 安装到系统后，还需先启动该程序，然后才能使用程序提供的各项功能。使用 Photoshop CS6 完毕后，应及时退出该程序，以释放程序所占用的系统资源。

1．启动 Photoshop CS6

通常可按以下方法之一启动 Photoshop CS6：

- 单击屏幕左下角的"开始"按钮，然后在弹出的菜单中选择"程序"子菜单中"Adobe Photoshop CS6"命令（菜单名和命令名可能因用户安装目录不同而有所不同）。
- 双击桌面上的 Photoshop CS6 启动快捷方式图标 Ps。如果桌面上没有 Photoshop CS6 启动快捷方式图标，可以打开 Photoshop CS6 所在的文件夹窗口，然后用鼠标左键将"Photoshop. exe"拖动到桌面即可。

2．退出 Photoshop CS6

启动 Photoshop CS6 后，通常可按以下几种方法关闭该程序：
- 单击程序窗口右上角的 ✕ （关闭）按钮。
- 执行菜单栏中的"文件"|"退出"命令。
- 按快捷键 <Alt+F4> 或 <Ctrl+Q>。
- 双击窗口左上角 Ps 图标。

1.4 Photoshop CS6 工作界面

启动 Photoshop CS6 后，即可进入 Photoshop CS6 的工作界面，如图 1-5 所示。

图 1-5 Photoshop CS6 工作界面

1.4.1 菜单栏

当要使用某个菜单命令时，只需将鼠标移到菜单名上单击，即可弹出下拉菜单，可从中选择所要使用的命令。

对于菜单来说，有如下的约定规则：

（1）菜单项呈现暗灰色，则说明该命令在当前编辑状态下不可用；

（2）菜单项后面有箭头符号，则说明该菜单项还有子菜单；

（3）菜单项后面有省略号，则单击该菜单将会弹出一个对话框；

（4）如果在菜单项的后面有快捷键，那么可以直接使用快捷键来执行菜单命令；

（5）要关闭所有已打开的菜单，可再次单击主菜单名，或者按键盘上的〈Alt〉键。要逐级向上关闭菜单，可按〈Esc〉键。

1.4.2　工具箱和选项栏

Photoshop CS6 的工具箱默认位于工作界面的左侧，要使用某种工具，只要单击该工具即可。例如，想选择矩形区域，可单击工具箱中的 ▨（矩形选框工具）按钮，然后在图像窗口拖动鼠标，即可选出所需的区域。

由于 Photoshop CS6 提供的工具比较多，因此工具箱并不能显示出所有的工具，有些工具被隐藏在相应的子菜单中。在工具箱的某些工具图标上可以看到一个小三角符号，这表明该工具拥有相关的子工具。单击该工具并按住鼠标不放，或单击鼠标右键，然后将鼠标移至打开的子工具条中，单击所需要的工具，则该工具将出现在工具箱上，如图 1-6 所示。为了便于学习，图 1-7 中列出了 Photoshop CS6 工具箱中的工具及其名称。

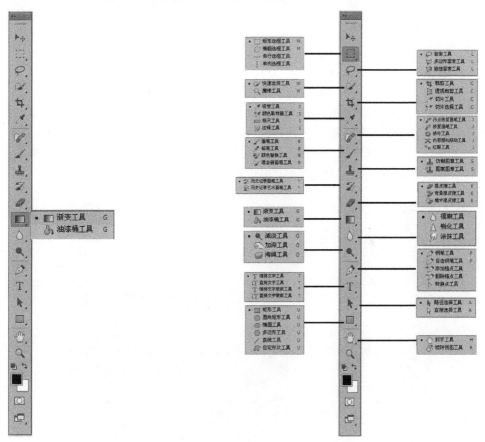

图 1-6　调出子工具　　　　　　　　　　　图 1-7　Photoshop CS6 工具箱

单击工具箱左上方的 ▨ 按钮，可以将工具箱以双列进行显示，如图 1-8 所示。此时单击 ▨ 按钮，可恢复工具箱的单列显示。

选项栏位于菜单栏的下面，其功能是设置各个工具的参数。当用户选取某一工具后，选项栏中的选项将发生变化，不同的工具有不同的参数，图 1-9 显示的是渐变工具和钢笔工具的选项栏。

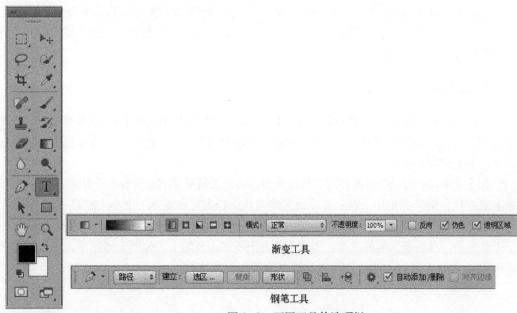

渐变工具

钢笔工具

图 1-8　双列显示工具箱　　　　图 1-9　不同工具的选项栏

1.4.3　面板

　　面板位于工作界面的右侧，利用它可以完成各种图像处理操作和工具参数的设置，如可以用于显示信息、选择颜色、图层编辑、制作路径、录制动作等。所有面板都可在"窗口"菜单中找到。

　　Photoshop　CS6 为了便于操作还将面板以缩略图的方式显示在工作区中，如图 1-10 所示。用户可以通过单击相应面板的缩略图来打开或关闭相应面板，如图 1-11 所示。

图 1-10　面板缩略图　　　　图 1-11　单击缩略图显示出相应面板

1.4.4 状态栏

状态栏位于 Photoshop CS6 当前图像文件窗口的最底部。状态栏主要用于显示图像处理的各种信息，它由当前图像的放大倍数和文件大小两部分组成，如图 1-12 所示。

单击状态栏中的按钮，可以打开图 1-13 所示的快捷菜单，从中可以选择显示文件的不同信息。

图 1-12　状态栏

图 1-13　状态栏快捷菜单

1.5　课后练习

1．填空题

(1) CIS 是由_____、_____和_____三部分组成的。

(2)_____模式是色域范围最广的色彩模式。

2．选择题

(1) 下列哪些格式是网页中使用的图像格式？　（　　　）

A．BMP 格式　　　　　B．PNG 格式　　　　　C．JPEG 格式　　　　　D．GIF 格式

(2) 下列哪种格式是 Photoshop 软件自身的格式？　（　　　）

A．BMP 格式　　　　　B．PSD 格式　　　　　C．TIF 格式　　　　　D．GIF 格式

(3) 下列哪种格式不支持通道？　（　　　）

A．Targa 格式　　　　　B．PSD 格式　　　　　C．TIF 格式　　　　　D．JPEG 格式

3．问答题

(1) 简述色彩深度的概念。

(2) 简述常用的设计意念的方法。

(3) 简述 RGB 模式和 CMYK 模式中每个字母代表的颜色含义。

第2章

Photoshop CS6 工具与绘图

本章重点

Photoshop CS6提供了多种强大的绘图工具、图像处理和修复工具，灵活使用这些工具可以充分发挥自己的创造性，绘制出精彩的平面作品。通过本章学习应掌握以下内容：

- 图像选区的选取
- 图像选区的编辑
- 绘图工具
- 历史画笔工具
- 填充工具
- 图章工具
- 擦除工具
- 图像修复工具
- 图像修饰工具

2.1 图像选区的选取

在Photoshop CS6中，创建选区是许多操作的基础，因为大多数操作都不是针对整幅图像的，既然不针对整幅图像，就必须指明是针对哪个部分，这个过程就是创建选区的过程。Photoshop CS6提供了多种创建选区的方法，下面就来具体讲解一下。

2.1.1 选框工具组

选框工具组位于工具箱的左上角，它是创建图像选区最基本的方法，它包括 ▦ （矩形选框工具）、 ◯ （椭圆选框工具）、 ▭ （单行选框工具）和 ▮ （单列选框工具）4种选框工具。

1. 矩形、椭圆选框工具

使用矩形或椭圆选框工具可以创建外形为矩形或椭圆的选区，具体操作过程如下：

（1）在工具箱中选择 ▦ （矩形选框工具）或 ◯ （椭圆选框工具）。

（2）在图像窗口中拖动鼠标即可绘制出一个矩形或椭圆形选区，此时建立的选区以闪动的虚线框表示，如图2-1所示。

（3）在拖动鼠标绘制选框的过程中，按住〈Shift〉键可以绘制出正方形或圆形选区；按住〈Alt+Shift〉键，可以绘制出以某一点为中心的正方形或圆形选区。

（4）此外，在选中矩形或椭圆选框工具后，可以在选项栏的"样式"下拉列表框中选择以下几种控制选框的尺寸和比例的方式，如图 2-2 所示。

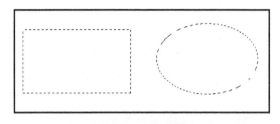

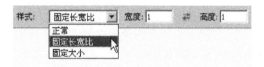

图 2-1　绘制选区　　　　　　　　　　　　　　　图 2-2　样式种类

- 正常：默认方式，完全根据鼠标拖动的情况确定选框的尺寸和比例。
- 固定长宽比：选择该选项后，可以在后面的"宽度"和"高度"框中输入具体的宽高比，拖动鼠标绘制选框时，选框将自动符合该宽高比。
- 固定大小：选择该选项后，可以在后面的"宽度"和"高度"框中输入具体的宽高数值，然后在图像窗口中单击鼠标，即可在单击位置创建一个指定尺寸的选框。

（5）如果要取消当前选区，可以按键盘上的〈Ctrl+D〉键即可。

2．单行、单列选框工具

▨（单行选框工具）和▨（单列选框工具）专门用于创建只有一个像素高的行或一个像素宽的列的选区，具体操作过程如下：

（1）选择工具箱中的▨（单行选框工具）或▨（单列选框工具）。

（2）在图像窗口中单击，即可在单击的位置建立一个单行或单列的选区。

2.1.2　套索工具组

套索工具组是一种常用的创建不规则选区的工具，它包括▨（套索工具）、▨（多边形套索工具）和▨（磁性套索工具）3 种工具。

1．套索工具

套索工具可以创建任意不规则形状的选区，具体操作过程如下：

（1）选择工具箱上的▨（套索工具）。

（2）将鼠标移至图像工作区中，在打开的图像上按下鼠标左键不放，拖动鼠标选取需要的范围，如图 2-3 所示。

（3）将鼠标拖回至起点，松开鼠标左键，即可选择一个不规则形状的范围，如图 2-4 所示。

图 2-3　拖动鼠标　　　　　　　　　　　　　　　图 2-4　选取范围

2．多边形套索工具

多边形套索工具可以创建任意不规则形状的多边形图像选区，具体操作过程如下：

（1）选择工具箱中的 ![] （多边形套索工具）。

（2）将鼠标移至图像窗口中，然后单击确定选区的起始位置。

（3）移动鼠标到要改变方向的位置单击，从而插入一个定位点，如图 2-5 所示。

（4）同理，直到选中所有的范围并回到起点的位置，此时鼠标的右下角会出现一个小圆圈，单击即可封闭并选中该区域，如图 2-6 所示。

图 2-5　确定定位点　　　　　　　　图 2-6　封闭选区效果

> **提示**
>
> 在选取过程中，如果出现错误，可以按下键盘上的〈Delete〉键删除最后选取的一条线段，而如果按下〈Delete〉键不放，则可以删除所有选中的线段，效果与按下〈Esc〉键相同。

3．磁性套索工具

磁性套索工具能够根据鼠标经过处不同像素值的差别，对边界进行分析，自动创建选区。它的特点是可以方便、快速、准确地选取较复杂的图像区域。具体操作过程如下：

（1）选择工具箱上的 ![] （磁性套索工具）。

（2）将鼠标移动至图像工作区中，然后单击确定选区的起点。

（3）沿着要选取的物体边缘移动鼠标（不需要按住鼠标按键），当选取终点回到起点时，鼠标右下角会出现一个小圆圈，如图 2-7 所示，此时单击即可完成选取，如图 2-8 所示。

图 2-7　沿着要选取的物体边缘进行绘制　　　　图 2-8　封闭选区效果

（4）在"磁性套索工具"选项栏中可以设定相关参数，如图 2-9 所示。

图 2-9　"磁性套索工具"选项栏

- "羽化"和"消除锯齿"：此两项功能与选框工具的选项栏中的功能一样。
- 宽度：此选项用于指定磁性套索工具在选取时检测的边缘宽度，其值在 1 ～ 256 像素之间。值越小，检测越精确。
- 频率：用于设置选取时的定位点数，值越高，产生的定位点越多，图 2-10 为不同频率值产生的效果。

图 2-10　不同频率值产生的效果

- 边对比度：用于设定选取时的边缘反差（取值范围是 1% ～ 100%）。值越大反差越大，选取的范围越精确。
- ⬚ 使用绘图板压力以更改钢笔宽度：该选项只有在安装了绘图板及其驱动程序时才有效。在某些工具中还可以设定大小、颜色及不透明度。这个选项会影响磁性套索、磁性钢笔、铅笔、画笔、喷枪、橡皮擦、仿制图章、图案图章、历史记录画笔、涂抹、模糊、锐化、减淡、加深和海绵等工具。

2.1.3　魔棒工具组

魔棒工具组包括 ⬚ （魔棒工具）和 ⬚ （快速选择工具）两种工具。

1. 魔棒工具

魔棒工具是基于图像中相邻像素的颜色近似程度来进行选择的。选择工具箱中的 ⬚ （魔棒工具），此时选项栏如图 2-11 所示。

图 2-11　"魔棒工具"选项栏

（1）容差：容差的取值范围是 0 ～ 255，默认值为 32。输入的值越小，选取的颜色范围越近似，选取范围就越小。图 2-12 是两个不同的容差值选取后的效果。

图 2-12 两个不同的容差值选取后的效果

（2）消除锯齿：该复选框用于设定所选取范围是否具备消除锯齿的功能。

（3）连续：选中该复选框，表示只能选中单击处邻近区域中的相同像素；而取消选中该复选框，则能够选中符合该像素要求的所有区域。在默认情况下，该复选框总是被选中的。图 2-13 是选中该复选框前后的比较。

图 2-13 选中"连续"复选框前后的比较

（4）对所有图层取样：该复选框用于具有多个图层的图像。未选中它时，魔棒只对当前选中的层起作用；如选中它则对所有层起作用，此时可以选取所有层中相近的颜色区域。

> **提示**
>
> 使用 （魔棒工具）时，按住〈Shift〉键，可以不断地扩大选区。由于魔棒工具可以选择颜色相同或者相近的整片色块，因此在一些情况下可以节省大量精力，又能达到不错的效果。尤其是对于各区域色彩相近而形状复杂的图像，使用 （魔棒工具）比使用 （矩形选框工具）和 （套索工具）要省力得多。

利用魔棒工具选取范围是十分便捷的，尤其是对色彩和色调不很丰富，或者是仅包含某几种颜色的图像，例如，在图 2-14 中选取水鸟选区，此时若用选框工具或是套索工具进行框选，是十分烦琐的，但如果使用魔棒工具来选择就非常简单，具体操作步骤如下：

（1）选择工具箱上的 （魔棒工具），单击图

图 2-14 打开图片

像窗口中的蓝色区域，如图 2-15 所示。

（2）执行菜单中的"选择"|"反向"（快捷键〈Ctrl+Shift+I〉）命令，将选取范围反转，此时就选取了水鸟的选区，如图 2-16 所示。

图 2-15　创建水鸟以外选区　　　　　　　　图 2-16　创建水鸟选区

2. 快速选择工具

快速选择工具的参数选项栏如图 2-17 所示。 （快速选择工具）是智能的，它比魔棒工具更加直观和准确。使用时不需要在要选取的整个区域中涂画，快速选择工具会自动调整所涂画的选区大小，并寻找到边缘使其与选区分离。

图 2-17　"快速选择工具"选项栏

快速选择工具的使用方法是基于画笔模式的。也就是说，可以"画"出所需的选区。如果是选取离边缘比较远的较大区域，就要使用大一些的画笔大小；如果是要选取边缘则换成小尺寸的画笔大小，这样才能尽量避免选取背景像素。

2.1.4　"色彩范围"命令

魔棒工具能够选取具有相同颜色的图像，但是它不够灵活。当选取不满意时，只好重新选取一次。因此，Photoshop CS6 又提供了一种比魔棒工具更具有弹性的创建选区的方法——"色彩范围"命令。利用此命令创建选区，不仅可以一边预览一边调整，还可以随心所欲地完善选取范围。具体操作步骤如下：

（1）执行菜单中的"选择"|"色彩范围"命令，弹出图 2-18 所示的对话框。

（2）在"色彩范围"对话框中间有一个预览框，显示当前已经选取的图像范围。如果当前尚未进行任何选取，则会显示整个图像。该框下面的两个单选项用来设定不同的预览方式。

- 选择范围：选中该选项，在预览框中只显示出被选取的范围。
- 图像：选中该选项，在预览框中显示整幅图像。

（3）打开"选择"列表框，如图 2-19 所示，从中选择一种选取颜色范围的方式。

- 选择"取样颜色"选项时，可以用吸管吸取颜色。当鼠标移向图像窗口或预览框中时，会变成吸管形状，单击即可选取当前颜色。同时可以配合颜色容差滑块进行使用。滑块可以调整颜色选取范围，值越大，所包含的近似颜色越多，选取的范围越大。
- 选择"红色"、"黄色"、"绿色"、"青色"、"蓝色"和"洋红"选项，可以指定选取图像中的 6 种颜色，此时颜色容差滑块不起作用。

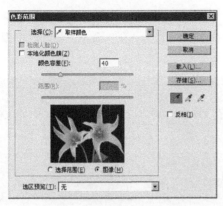

图 2-18 "色彩范围"对话框　　　　　　　图 2-19 "选择"下拉列表框

● 选择"高光"、"中间调"和"阴影"选项，可以选取图像不同亮度的区域。

● 选择"溢色"选项，可以将一些无法印刷的颜色选取处理。该选项只用于 RGB 模式下的图像。

（4）打开"选区预览"下拉列表框，从中选择一种选取范围在图像窗口中显示的方式，如图 2-20 所示。

● 无：表示在图像窗口中不显示预览。

● 灰度：表示在图像窗口中以灰色调显示未被选取的区域。

● 黑色杂边：表示在图像窗口中以黑色显示未被选取的区域。

● 白色杂边：表示在图像窗口中以白色显示未被选取的区域。

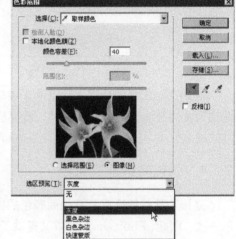

● 快速蒙版：表示在图像窗口中以默认的蒙版颜色显示未被选取的区域。

（5）在"色彩范围"对话框中有 3 个吸管按钮，可以增加或减少选取的颜色范围。当要增加选取范围

图 2-20 选择"选区预览"方式

时，可以选择 ；当要减少选取范围时，可以选择 ，然后将鼠标移到预览框或图像窗口中单击即可完成。

（6）选择"反相"复选框，可在选取范围与非选取范围之间切换，效果与执行菜单中的"图像"|"调整"|"反相"命令相同。

（7）设置完成后，单击"确定"按钮，即可完成范围的选取。

2.2 图像选区的编辑

有些选区非常复杂，不一定能一次就得到需要的选区，因此在建立选区后，还需要对选区进行各种调整操作，以使选区符合需要。

2.2.1　选区基本操作

选区的基本操作包括移动选区、增减选区范围、消除锯齿和羽化选区 4 部分。

1. 移动选区

建立选区之后，将鼠标移动到选区内，指针会变成 ▸ 状，此时拖动鼠标即可移动选区。在移动选区时有一些小技巧可以使操作更准确：

（1）开始拖动以后，按住键盘上的〈Shift〉键，可以将选取的移动方向限制为 45°的倍数。

（2）按键盘上的"↑"、"↓"、"←"、"→"键可以分别将选区向上、下、左、右移动，并且每次移动 1 像素。

（3）按住〈Shift〉键并按键盘上的"↑"、"↓"、"←"、"→"键，可以分别将选区向上、下、左、右移动，并且每次移动 10 像素。

2．增减选区范围

在创建了选区之后，还可以进行增加或减少选区操作。具体操作步骤如下：

（1）单击工具选项栏上的 ⬚（添加到选区）按钮，如图 2-21 所示，或按住键盘上的〈Shift〉键，可以将新绘制的选区添加到已有选区中。

（2）单击工具选项栏上的 ⬚（从选区减去）按钮，或按住键盘上的〈Alt〉键，可以从已有选区中删除新绘制的选区。

图 2-21　单击 ⬚（添加到选区）按钮

（3）单击工具选项栏上的 ⬚（与选区交叉）按钮，或按住键盘上的〈Alt+Shift〉键，可以得到新绘制的选区与已有选区交叉部分的选区。

> **提示**
>
> 按快捷键〈Ctrl+D〉可以取消已有的选区。

3．消除锯齿

在使用 ⬚（套索工具）、⬚（多边形套索工具）、⬚（椭圆选框工具）和 ⬚（魔棒工具）工具时，工具选项栏都会出现一个"消除锯齿"复选框，该复选框用于消除选区边框上的锯齿，选中该复选框后，建立的选区边框会比较平滑。

要消除锯齿必须在建立选区之前就选中该复选框，选区一旦被建立后，即使选中"消除锯齿"复选框也不能使选区边框变平滑。

4．羽化选区

通常使用选框工具建立的选区的边缘是"硬"的，也就是说选区边缘以内的所有像素都被选中，而选区边缘以外的所有像素都不被选中。而羽化则可以在选区的边缘附近形成一条过渡带，这个过渡带区域内的像素逐渐由全部被选中过渡到全部不被选中。过渡边缘的宽度即为羽化半径，单位为像素。

羽化选区分为两种情况：一是在绘制选区之前设置羽化值（即选前羽化）；二是在绘制选区之后再对选区进行羽化（即选后羽化）。

1）选前羽化

在工具箱中选中了某种选区工具后，工具选项栏中会出现一个"羽化"框，在该框中输入羽化数值后，即可为将要创建的选区设置羽化效果。

2）选后羽化

对已经选好的一个区域进行设定羽化边缘，具体操作步骤如下：

（1）打开一幅需要羽化边缘的图片，然后利用 （椭圆选框工具）绘制一个椭圆选区，如图 2-22 所示。

（2）此时设置羽化值为 0，然后执行菜单中的"选择"|"反向"命令，反选选区，接着按〈Delete〉键删除背景，结果如图 2-23 所示。

图 2-22　创建椭圆选区

图 2-23　删除选区以外部分

（3）此时回到第 1 步，执行菜单中的"选择"|"羽化"命令，在弹出的"羽化选区"对话框中输入羽化数值 100，如图 2-24 所示，单击"确定"按钮，结果如图 2-25 所示。

图 2-25　羽化后效果

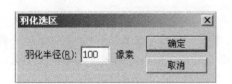

图 2-24　设置羽化值

2.2.2　选区修改操作

在创建了选区之后，可以通过菜单命令对选区的边框进行调整，包括扩展选区、收缩选区、平化选区、边界选区、扩大选取和选区相似等，并可通过拖动控制点的方式调整选区边框的形状。

1. 扩展和收缩选区

在图像中建立了选区后，可以指定选区向外扩展或向内收缩像素值。具体操作步骤如下：

（1）打开一幅图片，选中要扩展或收缩的选区，如图 2-26 所示。

（2）执行菜单中的"选择"|"修改"|"扩展"命令，在弹出的"扩展选区"对话框中输入数值，如图 2-27 所示，单击"确定"按钮，即可将选区扩大为输入的数值，结果如图 2-28 所示。

图 2-26　创建选区

图 2-27　设置扩展选区参数

图 2-28　扩展选区后效果

（3）回到第一步，执行菜单中的"选择"|"修改"|"收缩"命令，在弹出的"收缩选区"对话框中输入数值，如图 2-29 所示，单击"确定"按钮，即可将选区收缩为输入的数值，结果如图 2-30 所示。

图 2-29　设置收缩选区参数

图 2-30　收缩选区后效果

2．边界选区

边界选区是指将原来选区的边界向内收缩指定的像素得到内框，向外扩展指定的像素得到外框，从而将内框和外框之间的区域作为新的选区。具体操作步骤如下：

（1）打开一幅图片，选中要扩边的选区部分，如图 2-31 所示。

（2）执行菜单中的"选择|修改|边界"命令，在弹出的"边界选区"对话框中输入数值，如图 2-32 所示，单击"确定"按钮，即可将选区扩边为输入的数值，结果如图 2-33 所示。

图 2-31　创建选区　　　图 2-32　设置边界选区参数　　　图 2-33　边界选区后效果

3．平滑选区

在使用魔棒等工具创建选区时，经常出现一大片选区中有一些小块未被选中的情况，通过执行菜单中的"选择"｜"修改"｜"平滑"命令，可以很方便地去除这些小块，从而使选区变完整。具体操作步骤如下：

（1）打开一幅图片，选中要平滑的选区部分，如图 2-34 所示。

（2）执行菜单中的"选择"｜"修改"｜"平滑"命令，在弹出的"平滑选区"对话框中输入数值，如图 2-35 所示，单击"确定"按钮，即可将选区平滑为输入的数值，结果如图 2-36 所示。

图 2-34　创建选区　　　图 2-35　设置平滑选区参数　　　图 2-36　平滑选区后效果

4．变换选区

在 Photoshop　CS6 中不仅可以对选区进行增减、平滑等操作，还可以对选区进行翻转、旋转和自由变形的操作。具体操作步骤如下：

（1）打开一幅图片，选中要变换的选区部分。

（2）执行菜单中的"选择"｜"变换选区"命令，可以看到选区周围显示一个矩形框，如图 2-37 所示，在矩形框上有多个操作点，拖动这些操作点可以调整选区的外形。

图 2-37　"变换选区"矩形框

（3）调整完毕后，按键盘上的〈Enter〉键，可以确认调整操作，按〈Esc〉键可以取消调整操作，并将选区恢复到调整前的形状。

5．扩大选取

扩大选取是指在现有选区的基础上，将所有符合魔棒选项中指定的容差范围的相邻像素添加到现有选区中。执行菜单中的"选择"|"扩大选取"命令，可以执行扩大选取操作。图 2-38 为执行"扩大选取"命令前后的对比。

扩大选取前　　　　　　　　　　　　　　扩大选取后

图 2-38　执行"扩大选取"命令前后的对比

6．选取相似

选取相似是指在现有选区的基础上，将整幅图像中所有与原有矩形选区内的像素颜色相近的区域添加到选区中。执行菜单中的"选择"|"选取相似"命令，可以执行选区相似操作。图 2-39 为执行"选取相似"命令前后的对比。

选取相似前　　　　　　　　　　　　　　选取相似后

图 2-39　执行"选取相似"命令前后的对比

2.2.3　选区存储与载入

有些时候同一个选区要使用很多次，为了便于以后操作，可以将该选区存储起来。存储后的选区将成为一个蒙版显示在"通道"面板中，当用户需要时可以随时载入这个选区。存储选区的具体步骤如下：

（1）打开一幅图片，选中要存储的选区部分，如图 2-40 所示。

（2）执行菜单中的"选择"|"存储选区"命令，在弹出的"存储选区"对话框中设置参数，如图 2-41 所示。

- 文档：用于设置该选区范围的文件位置，默认为当前图像文件。如果当前有相同分辨率和尺寸的图像打开，则这些文件也会出现在列表中。用户还可以从"文档"下拉列表中选择"新建"选项，创建一个新的图像窗口进行操作。

- 通道：在该下拉列表中可以为选取的范围选择一个目的通道。默认情况下，选区会被存储在一个新通道中。
- 名称：用于设定新通道的名称，这里设置为"黄色玫瑰"。
- 操作：用于设定保存时的选取范围和原有范围之间的组合关系，其默认值为"新通道"，其他的选项只有在"通道"下拉列表中选择了已经保存的 Alpha 通道时才能使用。

图 2-40　创建选区

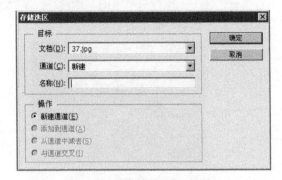

图 2-41　"存储选区"对话框

（3）单击"确定"按钮，即可完成选区范围的保存，此时在"通道"面板中将显示出所保存的信息，如图 2-42 所示。

（4）当需要载入原先保存的选区时，可以执行菜单中的"选择 | 载入选区"命令，此时会弹出"载入选区"对话框，如图 2-43 所示。

- 反相：选中该复选框后，载入的内容反相显示。
- 新建选区：选中后将新的选区代替原有选区。
- 添加到选区：选中后将新的选区加入到原有选区中。
- 从选区中减去：选中后将新的选区和原有选区的重合部分从选区中删除。
- 与选区交叉：选中后将新选区与原有选区交叉。

（5）单击"确定"按钮，即可载入新选区。

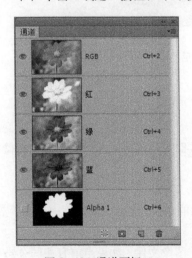

图 2-42　通道面板

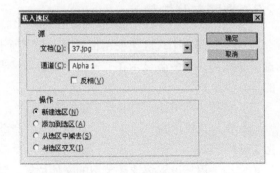

图 2-43　"载入选区"对话框

2.3　绘　图　工　具

Photoshop CS6 中的绘图工具主要有 （画笔工具）和 （铅笔工具）两种，利用它们可以绘制出各种效果，下面就来具体讲解一下它们的使用方法。

2.3.1　画笔工具

使用 （画笔工具）可以绘制出比较柔和的线条，其效果如同用毛笔画出的线条。在使用画笔绘图工具时，必须在工具栏中选定一个适当大小的画笔，才可以绘制图像。

1. 画笔的功能

选择工具箱中的 （画笔工具），此时工具选项栏将切换到画笔工具的选项，如图 2-44 所示。其中有一个"画笔"下拉列表框，单击其右侧的下三角按钮，将打开一个下拉面板，如图 2-45 所示，从中可以选择不同大小的画笔。此外，单击工具栏右侧 （切换画笔调板）按钮，同样会打开一个"画笔"下拉面板，在此也可以选择画笔，如图 2-46 所示。

图 2-44　"画笔工具"选项栏

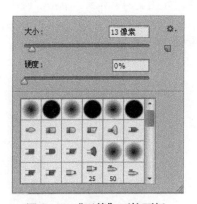

图 2-45　"画笔"下拉面板

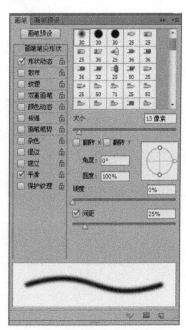

图 2-46　单击 按钮后显示效果

在"画笔"下拉面板中，Photoshop CS6 提供了多种不同类型的画笔，使用不同类型的画笔，可以绘出不同的效果，如图 2-47 所示。

2. 新建和自定义画笔

虽然 Photoshop CS6 提供了很多类型的画笔，但在实际应用中并不能完全满足需要，所以为了绘图的需要，Photoshop CS6 还提供了根据已有的画笔形状新建画笔的功能。根据已有的画笔形状新建画笔的具体操作步骤如下：

（1）执行菜单中的"窗口"｜"画笔"命令，调出"画笔"面板，然后选择一个画笔形状后，调整其相关参数。

（2）调整完毕后，单击"画笔"面板右上角的■按钮，从弹出的快捷菜单中选择"新建画笔预设"命令，如图 2-48 所示。

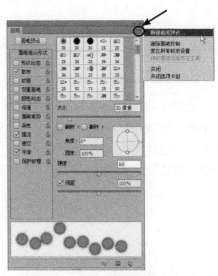

图 2-47　选择不同类型的画笔绘制出不同效果　　　　图 2-48　选择"新画笔预设"命令

 提示

也可以单击"画笔"面板右下角的■（创建新画笔）按钮来新建画笔。

（3）在弹出的"画笔名称"对话框中输入画笔名称，如图 2-49 所示，单击"确定"按钮，即可建立新画笔，如图 2-50 所示。

图 2-49　"画笔名称"对话框　　　　　　　　　　图 2-50　新建的画笔

使用上述步骤建立的画笔是圆形或椭圆形的,这是平时较常用的画笔。在Photoshop CS6中,还可以自定义一些特殊形状的画笔。具体操作步骤如下:

(1)执行菜单中的"文件"|"新建"命令,新建一个图像文件。然后利用工具箱中的 (椭圆选框工具)绘制一个圆形选区,接着对其进行圆形渐变填充,如图 2-51 所示。

(2)执行菜单中的"编辑"|"定义画笔预设"命令,在弹出的"画笔名称"对话框中输入画笔名称,如图 2-52 所示,单击"确定"按钮。

图 2-51 对圆形选区进行圆形渐变填充　　　　图 2-52 输入画笔名称

(3)此时在画笔面板中出现一个新画笔,然后对这个画笔可以进行进一步的设置,如图 2-53 所示。接着可以使用这个画笔制作出链状小球效果,如图 2-54 所示。

图 2-53 进一步设置画笔参数　　　　　图 2-54 绘制链状小球

3．更改画笔设置

对于原有的画笔,其画笔直径、间距以及硬度等都不一定符合绘画的需求,此时可以对已有的画笔进行再次设置。具体操作步骤如下:

(1)选择工具箱中的 （画笔工具）,然后打开画笔面板。

(2)选择面板左侧的"画笔笔尖形状"选项,如图 2-55 所示。然后在右上方选中要进行设置的画笔,再在下方设置画笔的直径、硬度、间距以及角度和圆度等选项。

- 大小:定义画笔直径大小。设置时可在文本框中输入 1 ~ 5 000 像素的数值,或直接用鼠标拖动滑杆调整。

- 硬度：定义画笔边界的柔和程度。变化范围为 0% ～ 100%，该值越小，画笔越柔和。
- 间距：用于控制绘制线条时，两个绘制点之间的中心距离。范围为 1% ～ 1 000%。数值为 25% 时，能绘制比较平滑的线条；数值为 150% 时，绘制出的是断断续续的圆点。图 2-56 为不同间距值的比较。

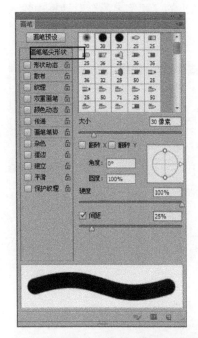

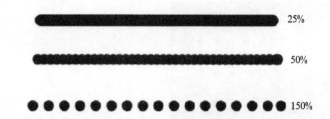

图 2-55 选择"画笔笔尖形状"选项   图 2-56 不同间距值的比较

- 角度：用于设置画笔角度。设置时可在"角度"文本框中输入 -180 ～ 180 的数值，或用鼠标拖动其右侧框中的箭头进行调整。
- 圆度：用于控制椭圆形画笔长轴和短轴的比例。设置时可在"圆度"文本框中输入 0% ～ 100% 的数值。

（3）除了设置上述参数外，还可以设置画笔的其他效果。比如选中画笔面板左侧的"纹理"复选框，此时面板如图 2-57 所示。在其中可以设置画笔的纹理效果。此外还可以设置诸如"形状动态"、"散布"、"双重画笔"等效果。

4. 保存、载入、删除和复位画笔

建立新画笔后，还可以进行保存、载入、删除和重置画笔等操作。

1）保存画笔

为了方便以后使用，可以将整个画笔面板的设置保存起来。方法：在"画笔"面板中单击左侧的 画笔预设 按钮，进入"画笔预设"面板。然后单击右上角的 按钮，从弹出的快捷菜单中选择"存储画笔"命令，如图 2-58 所示，接着在弹出的"存储"对话框中输入要保存的名称，如图 2-59 所示，单击"保存"按钮，

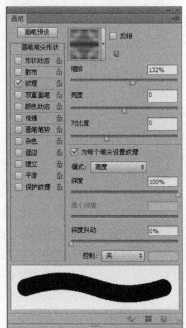

图 2-57 选中"纹理"复选框

即可将画笔文件保存为 *.ABR 格式的文件。

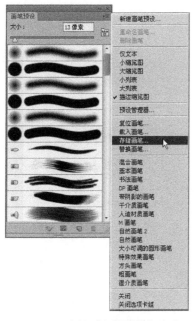

图 2-58　选择"存储画笔"命令

图 2-59　输入名称

2）载入画笔

将画笔保存后，可以根据需要随时将其载入进来。方法：单击"画笔预设"面板右上角的
按钮，从弹出的快捷菜单中选择"载入画笔"命令，然后在弹出的图 2-60 所示的"载入"对
话框中选择需要载入的画笔，单击"载入"按钮
即可。

3）删除画笔

在 Photoshop CS6 中可以删除多余的画笔。
方法：在"画笔预设"面板中选择相应的画笔，
然后单击鼠标右键，从弹出的快捷菜单中选择"删
除画笔"命令。或者将要删除的画笔拖到 （删
除画笔）按钮上即可。

4）复位画笔

如果要恢复画笔面板的默认状态，可以单
击"画笔预设"面板右上角的 按钮，从弹出的
快捷菜单中选择"复位画笔"命令即可。

图 2-60　选择需要载入的画笔

2.3.2 铅笔工具

（铅笔工具）常用来画一些棱角突出的线条。选择工具箱中的 （铅笔工具），此时工
具栏将切换到铅笔工具的选项，如图 2-61 所示。铅笔工具的使用方法和画笔工具类似，只不过
（铅笔工具）工具栏中的画笔都是硬边的，如图 2-62 所示，因此使用铅笔绘制出来的直线
或线段都是硬边的。

另外，铅笔工具还有一个特有的"自动抹除"复选框。其作用是当它被选中后，铅笔工具即实现擦除的功能。也就是说，在与前景色颜色相同的图像区域中绘图时，会自动擦除前景色而填入背景色。

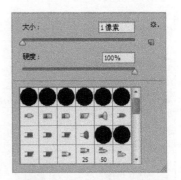

图 2-61　"铅笔工具"工具栏中的选项　　　图 2-62　（铅笔工具）工具栏中的画笔

2.4　历史画笔工具

历史画笔工具包括 （历史记录画笔工具）和（历史记录艺术画笔工具）两种，下面就来具体讲解一下它们的使用方法。

2.4.1　历史记录画笔工具

（历史记录画笔工具）可以很方便地恢复图像，而且在恢复图像的过程中可以自由调整恢复图像的某一部分。该工具常与历史记录面板配合使用。具体操作步骤如下：

（1）打开一幅图片，如图 2-63 所示。

（2）执行菜单中的"窗口"|"历史记录"命令，调出历史记录面板，此时面板中已经有一个历史记录，名为"打开"，如图 2-64 所示。

图 2-63　打开图片　　　　　　　　　图 2-64　"历史记录"面板

（3）选择工具箱中的（渐变工具），渐变类型选择（线性渐变），然后在图像工作区中从上往下进行拖拉，结果如图 2-65 所示。

（4）选择工具栏中的（历史记录画笔工具），选择画笔模式为，然后在图像上拖动鼠标，结果如图 2-66 所示。

图 2-65　线性渐变效果　　　　图 2-66　利用 （历史记录画笔工具）处理后效果

2.4.2　历史记录艺术画笔工具

　　（历史记录艺术画笔工具）也有恢复图像的功能，其操作方法同　（历史记录画笔工具）很类似。它们的不同点在于，　（历史记录画笔工具）可以将局部图像恢复到指定的某一步操作，而　（历史记录艺术画笔工具）则可以将局部图像按照指定的历史状态转换成手绘的效果。下面继续用刚才的实例进行讲解，具体操作步骤如下：

　　（1）选择工具箱中的　（历史记录艺术画笔工具），此时工具选项栏如图 2-67 所示。

图 2-67　　（历史记录艺术画笔工具）选项栏

　　（2）在图像工作区的四周拖动鼠标，结果如图 2-68 所示。

　　（3）将选项栏的"样式"改为"紧绷卷曲长"，然后在图像工作区的四周拖动，结果如图 2-69 所示。

图 2-68　选择"绷紧短"样式效果　　　　图 2-69　选择"紧绷卷曲长"样式效果

2.5　填 充 工 具

　　填充工具包括　（渐变工具）和　（油漆桶工具）两种，下面就来具体讲解一下它们的使用方法。

2.5.1 渐变工具

使用 ▣（渐变工具）可以绘制出多种颜色间的逐渐混合，实质上就是在图像中或图像的某一区域中添入一种具有多种颜色过渡的混合色。这个混合色可以是从前景色到背景色的过渡，也可以是前景色与透明背景间的相互过渡或者是其他颜色间的相互过渡。

渐变工具包括 5 种渐变类型，它们分别是：▣（线性渐变）、▣（径向渐变）、▣（角度渐变）、▣（对称渐变）和 ▣（菱形渐变）。图 2-70 为这几种渐变类型的比较。

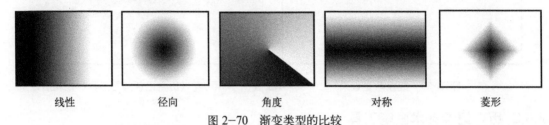

| 线性 | 径向 | 角度 | 对称 | 菱形 |

图 2-70　渐变类型的比较

1．使用已有的渐变色填充图像

使用已有的渐变色填充图像的具体操作步骤如下：

（1）选择工具箱中的 ▣（渐变工具），然后在选项工具栏中设置，如图 2-71 所示。

（2）将鼠标移到图像中，从上往下拖动鼠标，即可在图像中填入渐变颜色，如图 2-72 所示。

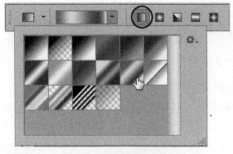

图 2-71　设置渐变参数

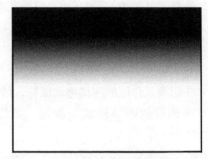

图 2-72　填入渐变色

2．使用自定义渐变色填充图像

（1）选择工具箱中的 ▣（渐变工具），然后在选项工具栏中单击 ▬▬，弹出图 2-73 所示的"渐变编辑器"对话框。

（2）新建渐变色。方法：单击"新建"按钮，此时在"预设"框中将多出一个渐变样式，如图 2-73 所示。然后选择新建的渐变色，在此基础上进行编辑。

（3）在"名称"文本框中输入新建渐变的名称，然后在"渐变类型"下拉列表框中选择"实底"选项。接着分别单击起点和终点颜色标志，在"色标"选项组中的"颜色"下拉列表框中更改颜色。

（4）将鼠标放在颜色条下方，如图 2-74 所示，单击一下，即可添加一个颜色滑块，然后单击该滑块调整其颜色，并调整其在颜色条上的位置，如图 2-75 所示。

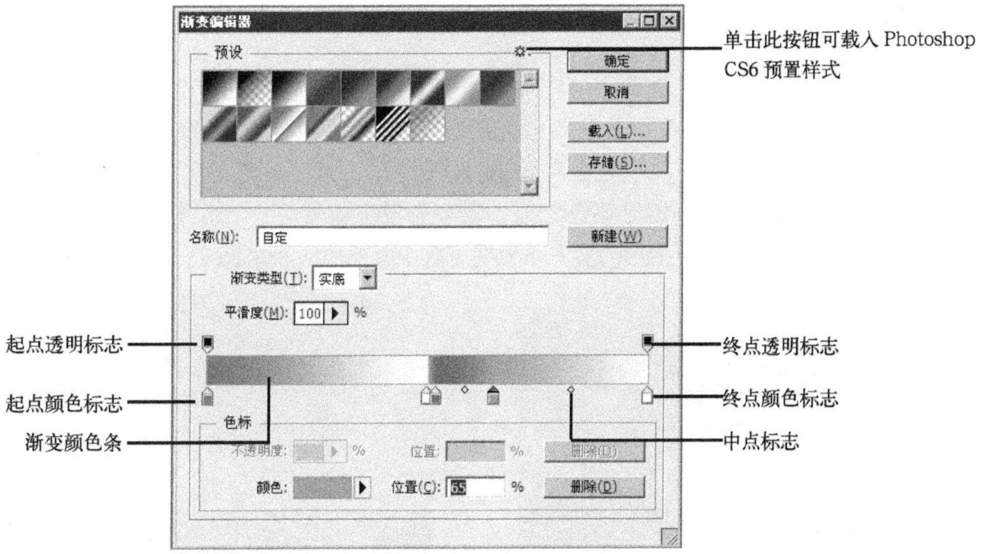
渐变编辑器
预设
确定
取消
载入(L)...
存储(S)...
名称(N): 自定
新建(W)
渐变类型(T): 实底
平滑度(M): 100 %
色标
不透明度: %
位置: %
删除(D)
颜色:
位置(C): 65 %
删除(D)
单击此按钮可载入 Photoshop CS6 预置样式
起点透明标志
终点透明标志
起点颜色标志
终点颜色标志
渐变颜色条
中点标志

图 2-73 “渐变编辑器”对话框

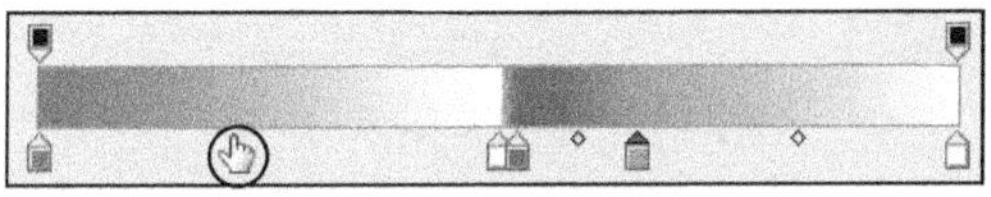

图 2-74 添加颜色滑块

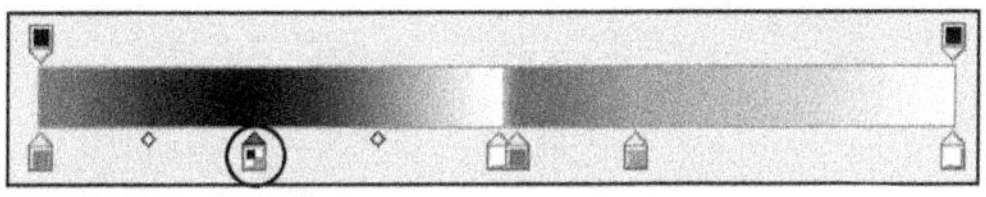

图 2-75 调整颜色滑块

（5）添加透明蒙版。方法：在渐变颜色条上方选择起点透明标志，将其位置定为 0%，不透明度定为 100%。然后选择终点透明标志，将其位置定为 100%，不透明度定为 100%。接着在 45% 处添加一个透明标志，不透明度定为 50%，结果如图 2-76 所示。

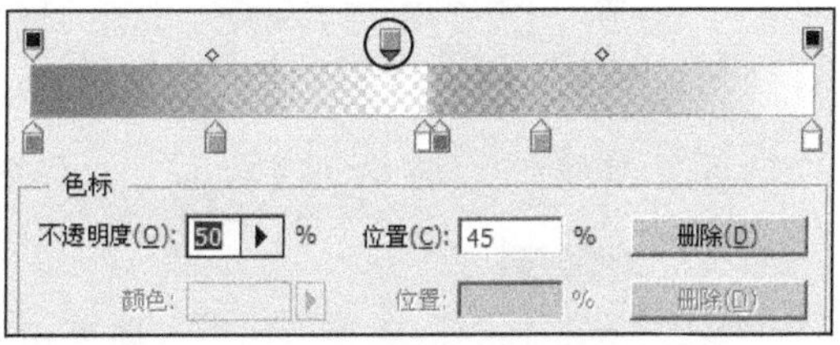
色标
不透明度(O): 50 %
位置(C): 45 %
删除(D)
颜色:
位置: %
删除(D)

图 2-76 设置不透明度

（6）单击“确定”按钮，然后打开一幅图片，如图 2-77 所示，使用新建的渐变色对其进行线性填充，结果如图 2-78 所示。

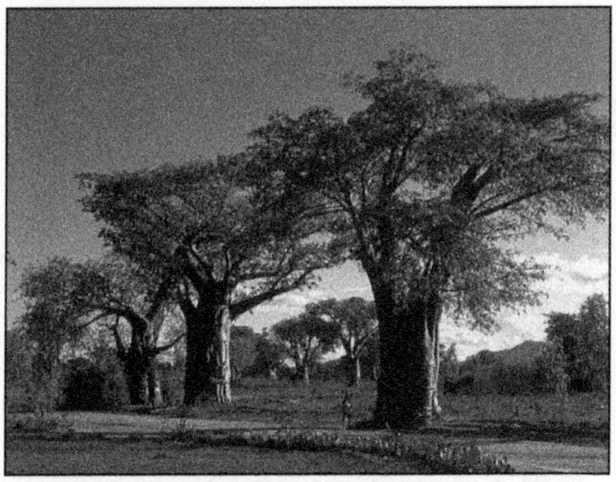

图 2-77 打开图片

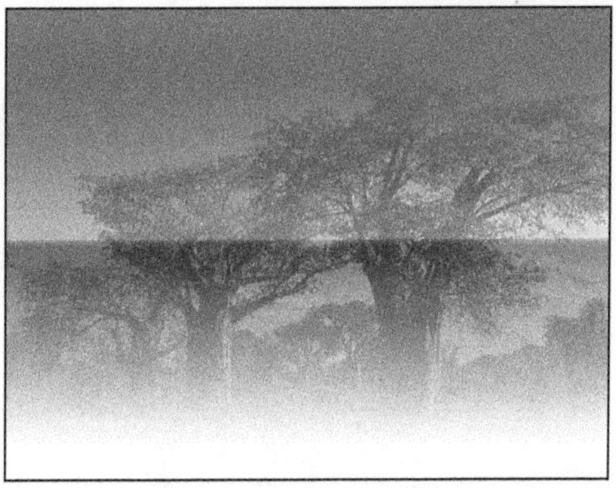

图 2-78 线性填充后效果

2.5.2　油漆桶工具

　　（油漆桶工具）可以在图像中填充颜色，但它只对图像中颜色接近的区域进行填充。使用油漆桶工具填充时，会先对单击处的颜色进行取样，确定要填充颜色的范围。可以说（油漆桶工具）是（魔棒工具）和填充命令功能的结合。

　　在使用（油漆桶工具）填充颜色之前，需要先设定前景色，然后才可以在图像中单击以填充前景色。图 2-79 为原图，使用（油漆桶工具）填充后结果如图 2-80 所示。

图 2-79　原图　　　　　　　　　　　　　　　图 2-80　填充后效果

　　要使油漆桶工具在填充颜色时更准确，可以在其选项工具栏中设置参数，如图 2-81 所示。如果在"填充"下拉列表框中选择"前景"选项，则以前景色进行填充；如果选择了"图案"选项，则工具栏中的"图案"下拉列表框会被激活，从中可以选择已经定义的图像进行填充。

图 2-81　选择"图案"

> **提示**
>
> 　　若选中"所有图层"复选框，(油漆桶工具)将在所有层中的颜色进行取样并填充。

2.6　图　章　工　具

　　图章工具包括（仿制图章工具）和（图案图章工具）两种，主要用于图像的复制，下面就来具体讲解它们的使用方法。

2.6.1　仿制图章工具

　　（仿制图章工具）是一种复制图像的工具，原理类似现在流行的生物技术克隆，即在要复制的图像上取一个点，而后复制整个图像。其工具选项栏如图 2-82 所示，使用（仿制图章工具）的具体操作步骤如下：

（1）打开一幅图片，如图 2-83 所示。

（2）选择工具箱上的 ![仿制图章工具] （仿制图章工具），按下〈Alt〉键，此时光标变为 ⊕ 状，选择要复制的起点单击鼠标左键，然后松开〈Alt〉键。

（3）拖动鼠标在图像的任意位置开始复制，结果如图 2-84 所示。

图 2-82　![仿制图章工具] （仿制图章工具）选项栏

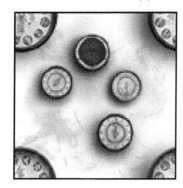

图 2-83　打开图片

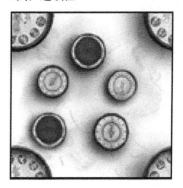

图 2-84　利用 ![仿制图章工具] （仿制图章工具）复制后效果

2.6.2　图案图章工具

![图案图章工具] （图案图章工具）是以预先定义的图案为复制对象进行复制，可以将定义的图案复制到图像中。可以从图案库中选择图案或者创建自己的图案，其工具选项栏如图 2-85 所示。

图 2-85　![图案图章工具] （图案图章工具）选项栏

单击"图案"下拉列表框右边的下三角按钮，将弹出"图案"下拉列表，在这里可以选取已经预设的图案，如图 2-86 所示。还可以单击右上角的 ![按钮] 按钮，从弹出的快捷菜单中选择"新建图案"、"载入图案"、"替换图案"、"删除图案"等命令，如图 2-87 所示。

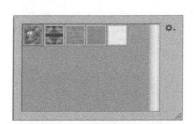

图 2-86　"图案"下拉列表

图 2-87　图案快捷菜单

除了从图案库载入图案外，还可以从现有的图像中自定义全部或一个区域的图像。具体操作步骤如下：

（1）打开一幅图片，然后利用工具箱中的 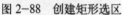（矩形选框工具）选取部分区域的图像，如图 2-88 所示。

（2）执行菜单中的"编辑"｜"定义图案"命令，在弹出的对话框中设置，如图 2-89 所示，再单击"确定"按钮。

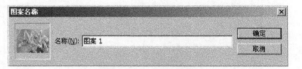

图 2-88　创建矩形选区　　　　　　　　　　图 2-89　输入图案名称

（3）新建一个文件，并用线性渐变色进行填充，如图 2-90 所示。

（4）选择工具箱中的 （图案图章工具），设置画笔为 ，不透明度设为 80%，在图像中拖动鼠标，结果如图 2-91 所示。

图 2-90　线性渐变填充效果　　　　　　图 2-91　利用 （图案图章工具）处理后效果

2.7　擦 除 工 具

Photoshop CS6 的擦除工具包括 （橡皮擦工具）、 （背景橡皮擦工具）和 （魔术橡皮擦工具）3 种。 （橡皮擦工具）和 （魔术橡皮擦工具）可用于将图像的某些区域抹成透明或背景色， （背景橡皮擦工具）可用于将图层抹成透明。下面就来具体讲解一下它们的使用方法。

2.7.1　橡皮擦工具

使用 （橡皮擦工具）的具体操作步骤如下：

（1）打开一幅图片，如图 2-92 所示。

（2）选择工具箱中的 （橡皮擦工具），设置背景色为白色，在选项工具栏中设置画笔为 ，不透明度为 100%，然后在图像中进行涂抹，结果如图 2-93 所示。

图 2-92　打开图片　　　　　　　　　　图 2-93　用白色擦除后效果

（3）选中选项栏中的"抹到历史记录"复选框，设置不透明度为 65%，如图 2-94 所示，会发现在这些位置上的图像恢复到开始的状态，只不过变得透明了些，如图 2-95 所示。

图 2-94　设置擦除参数

图 2-95　调整参数后的擦除效果

2.7.2　背景橡皮擦工具

（背景橡皮擦工具）可以将图像擦除到透明色。具体操作步骤如下：

（1）打开上一节使用的图片。

（2）选择工具箱上的 （背景橡皮擦工具），设置画笔为 ，如图 2-96 所示。然后在图像中的天空位置进行涂抹，结果如图 2-97 所示。

> **提示**
>
> 此时"容差值"为50%，如果降低容差值会发现颜色差别较大的地方不会被擦除。

图 2-96 设置 ＊（背景橡皮擦工具）参数

图 2-97 擦除天空后效果

2.7.3 魔术橡皮擦工具

使用 ＊ （魔术橡皮擦工具）在图层中单击时，该工具会自动更改所有相似的像素。如果是在背景中操作，像素会被抹为透明；如果是在其他层中操作，该层的像素会被擦掉，从而显示出背景色。具体操作步骤如下：

（1）打开一幅图片，如图 2-98 所示。

（2）选择工具箱上的 ＊ （魔术橡皮擦工具），设置容差值为 20，其他选项默认，如图 2-99 所示。然后单击图像中的天空位置，此时在临近区域内颜色相似的像素都被擦除，如图 2-100 所示。

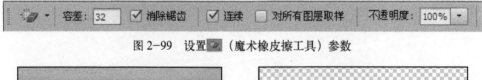

图 2-99 设置 ＊ （魔术橡皮擦工具）参数

图 2-98 打开图片

图 2-100 擦除天空后效果

2.8 图像修复工具

Photoshop CS6 的图像修复工具包括 ＊ （修复画笔工具）、＊ （污点修复画笔工具）、＊ （修补工具）、＊ （内容感知移动工具）和 ＊ （红眼工具）5 种。

2.8.1　修复画笔工具

　　（修复画笔工具）可用于校正瑕疵，使它们消失在周围的图像中。与 （仿制图章工具）一样，使用 （修复画笔工具）可以利用图像或图案中的样本像素来绘画。但是 （修复画笔工具）还可将样本像素的纹理、光照和阴影与源像素进行匹配，从而使修复后的像素不留痕迹地融入图像的其余部分。使用修复画笔工具的具体操作步骤如下：

　　（1）打开一幅带有瑕疵的图片，如图 2-101 所示。

　　（2）选择工具箱上的 （修复画笔工具），按住〈Alt〉键用鼠标选取一个取样点，如图 2-102 所示。

　　（3）在瑕疵部分拖动鼠标进行涂抹，修复后效果如图 2-103 所示。

图 2-101　打开图片

图 2-102　选取取样点

图 2-103　修复后效果

2.8.2　污点修复画笔工具

　　该工具可以使用图像或图案中的样本像素进行绘画，并将样本像素的纹理、光照、透明度和阴影与所修复的像素相匹配，其工具选项栏如图 2-104 所示。

图 2-104　"污点修复画笔工具"选项栏

　　确定样本像素有"近似匹配"和"创建纹理"等类型。

　　（1）选中"近似匹配"类型，如果没有为污点建立选区，则样本自动采用污点外部四周的像素；如果选中污点，则样本采用选区外围的像素。

　　（2）选中"创建纹理"类型，则使用选区中的所有像素创建一个用于修复该区域的纹理。如果纹理不起作用，可以再次拖过该区域。

　　污点修复画笔工具的使用方法如下：

　　（1）打开要修复的图片，如图 2-105 所示。

　　（2）选择工具箱中 （污点修复画笔工具），然后在选项栏中选取比要修复的区域稍大一点的画笔笔尖。

（3）在要处理的苹果污点的位置单击或拖动即可去除污点，结果如图 2-106 所示。

图 2-105　要修复的图片

图 2-106　修复后效果

2.8.3　修补工具

　　 （修补工具）可以用其他区域或图案中的像素来修复选中的区域，同样可以将样本像素的纹理、光照和阴影与源像素进行匹配。 （修补工具）在修复人脸部的皱纹或污点时显得尤其有效。使用修补工具的具体操作步骤如下：

　　（1）打开一幅带有瑕疵的图片，如图 2-107 所示。

　　（2）选择工具箱中的 （修补工具），在要修补的区域中拖动鼠标，从而定义一个选区，如图 2-108 所示。

　　（3）将鼠标移到选区中，按住鼠标左键，拖动选区到取样区域，如图 2-109 所示。然后松开鼠标，结果如图 2-110 所示。

　　（4）同理，对其余瑕疵进行处理，结果如图 2-111 所示。

图 2-107　打开图片

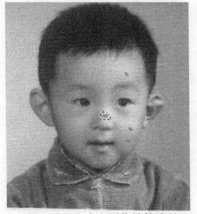

图 2-108　定义要修补的选区

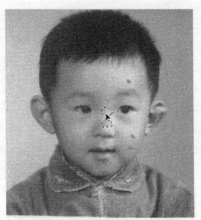

图 2-109　拖动选区到取样区域

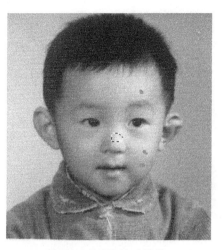

图 2-110　修补后效果

图 2-111　对其余瑕疵进行处理后效果

2.8.4　内容感知移动工具

　　（内容感知移动工具）是 Photoshop CS6 新增的工具，利用该工具可以简单到只需选择照片场景中的某个物体，然后将其移动到照片中的任何位置，经过 Photoshop CS6 的计算，便可以完成乾坤大挪移，完成极其真实的合成效果。其工具选项栏如图 2-112 所示。

图 2-112　内容感知移动工具的选项栏

　　（1）使用内容感知移动工具的方法：首先使用（内容感知移动工具）框选出图像中需要进行移动的内容，如图 2-113 所示。然后在内容感知移动工具的选项栏中将模式选为"移动"。

图 2-113　框选出图像中需要移动的内容

　　（2）按住鼠标不放，拖动选择选区到图像中要放置的位置。

　　（3）松开鼠标，此时选区内的图像开始与原来位置的图像自动融合，如图 2-114 所示。

图 2-114　框选出图像中需要移动的内容

2.8.5　红眼工具

该工具可移去用闪光灯拍摄的人物照片中的红眼，也可以移去用闪光灯拍摄的动物照片中的白色或绿色反光。使用红眼工具的具体操作步骤如下：

（1）打开要处理红眼的图片，如图 2-115 所示。

（2）选择工具箱中的 （红眼工具），在要处理的红眼位置进行拖拉，即可去除红眼，结果如图 2-116 所示。

图 2-115　要处理红眼的图片　　　　　图 2-116　处理后效果

2.9　图像修饰工具

Photoshop CS6 的图像修饰工具包括 （涂抹工具）、 （模糊工具）、 （锐化工具）、 （减淡工具）、 （加深工具）和 （海绵工具）6 种，使用这些工具可以方便地对图像的细节进行处理，可以调整其清晰度、色调及饱和度等。

2.9.1　涂抹、模糊和锐化工具

（涂抹工具）可模拟在湿颜料中拖移手指的动作。 （模糊工具）可柔化图像中的硬边缘或区域以减少细节。 （锐化工具）则可聚焦软边缘，提高清晰度或聚焦程度。

1. 涂抹工具

（涂抹工具）可拾取描边开始位置的颜色，并沿拖移的方向展开这种颜色。涂抹工具选项栏如图 2-117 所示。

图 2-117　（涂抹工具）选项栏

- 对所有图层取样：选中该复选框，可利用所有能够看到的图层中的颜色数据来进行涂抹。如果取消选中该复选框，则涂抹工具只使用现有图层的颜色。
- 手指绘画：选中该复选框，可以使用前景色在每一笔的起点开始向鼠标拖动的方向进行涂抹，就好像用手指蘸上颜色在未干的油墨上绘画一样。如果不选中此复选框，则涂抹工具使用起点处的颜色进行涂抹。

使用涂抹工具的具体操作步骤如下：

（1）打开一幅需要进行涂抹处理的图片，如图 2-118 所示。

（2）选择工具箱上的（涂抹工具），设置前景色为白色，强度为 50%，选中"手指绘画"复选框，然后涂抹图像左侧的葡萄，结果如图 2-119 所示。

（3）回到打开图像状态，取消选中"手指绘画"复选框，然后涂抹图像左侧的葡萄，结果如图 2-120 所示。

图 2-118　原图

图 2-119　选中"手指绘画"的效果

图 2-120　未选中"手指绘画"的效果

2. 模糊工具

（模糊工具）通过将突出的颜色分解，使得僵硬的边界变得柔和，颜色过渡变平缓，起到一种模糊图像局部的效果。模糊工具选项栏如图 2-121 所示。

图 2-121　（模糊工具）选项栏

- 画笔：可设置模糊的大小。
- 模式：可设置像素的混合模式，有正常、变暗、变亮、色相、饱和度、颜色和亮度七个选项可供选择。
- 强度：用来设置画笔的力度。数值越大，画出的线条色越深，也越有力。
- 对所有图层取样：选中该复选框，则将模糊应用于所有可见的图层，否则只应用于当前图层。

使用模糊工具的具体操作步骤如下：

（1）打开一幅需要进行模糊处理的图片，如图 2-122 所示。

（2）选择工具箱中的 ◐（模糊工具），设置其强度为 80%，然后在图像中要进行模糊处理区域拖动鼠标，结果如图 2-123 所示。

图 2-122　需要模糊处理的图片　　　　　　图 2-123　模糊处理效果

3. 锐化工具

　　▲（锐化工具）与 ◐（模糊工具）相反，它是一种使图像色彩锐化的工具，也就是增大像素之间的反差。使用 ▲（锐化工具）可以增加图像的对比度，使图像变得更加清晰，还可以提高滤镜的性能。

　　▲（锐化工具）的使用方法和 ◐（模糊工具）完全一样，而且它可以与 ◐（模糊工具）互补地进行工作，但是进行过模糊操作的图像在经过锐化处理并不能够恢复到原始状态。因为不管是模糊或者是锐化，处理图像的过程本身就是丢失图像信息的过程。图 2-124 为锐化前后的比较。

锐化前　　　　　　　　　　　　　　　　锐化后

图 2-124　锐化前后的比较

2.9.2　减淡、加深和海绵工具

（减淡工具）和 （加深工具）是色调工具，使用它们可以改变图像特定区域的曝光度，使图像变暗或变亮。（海绵工具）能够非常精确地增加或减少图像区域的饱和度。

1．减淡工具

（减淡工具）可以改善图像的曝光效果，因此在照片的修正处理上有它的独到之处。使用此工具可以加亮图像的某一部分，使之达到强调或突出表现的目的。减淡工具选项栏如图 2-125 所示。

图 2-125　（减淡工具）选项栏

● 画笔：用于选择画笔形状和大小。

● 范围：用于选择要处理的特殊色调区域。其中包括"阴影"、"中间调"和"高光"3 个选项。

使用减淡工具的具体操作步骤如下：

（1）打开一幅需要进行减淡处理的图片，如图 2-126 所示。

（2）选择工具箱中的 （减淡工具），在需要进行减淡处理的位置进行涂抹，结果如图 2-127 所示。

图 2-126　打开原图

图 2-127　减淡后效果

2．加深工具

（加深工具）与 （减淡工具）相反，它是通过使图像变暗来加深图像的颜色。它通常用来加深图像的阴影或对图像中有高光的部分进行暗化处理。图 2-128 为对原图进行加深前后的效果比较。

3．海绵工具

使用 （海绵工具）能够精细地改变某一区域的色彩饱和度，但对黑白图像处理的效果不是很明显。在灰度模式中，海绵工具通过将灰色色阶远离或移到中灰来增加或降低对比度。海绵工具选项栏如图 2-129 所示。

在"模式"下拉列表中，可以设置海绵工具是进行"去色"或"加色"。

（1）降低饱和度：用于降低图像颜色的饱和度，一般用它来表现比较阴沉、昏暗的效果。

加深前 　　　　　　　　　　　　　　　　加深后

图 2-128　加深前后的效果比较

图 2-129　（海绵工具）选项栏

（2）饱和：用于增加图像颜色的饱和度。

图 2-130 为使用海绵工具进行去色和加色的效果比较。

原图 　　　　　　　　　降低饱和度效果 　　　　　　　　增加饱和度效果

图 2-130　使用海绵工具进行去色和加色的效果比较

2.10　实例讲解

本节将通过"彩虹效果"、"旧画报图像修复效果"和"摄影图片局部去除效果"3 个实例来讲解 Photoshop CS6 工具与绘图在实践中的应用。

2.10.1　彩虹效果

 要点：

本例将制作天空中的彩虹效果，如图 2-131 所示。通过本例学习应掌握渐变工具和图层混合模式的应用。

原图   结果图

图 2-131 彩虹效果

操作步骤:

(1) 打开配套光盘"素材及结果 \2.10.1 彩虹效果 \ 原图 .tif"文件,如图 2-131 左图所示。

(2) 选择工具箱上的 ▣ (渐变工具),打开渐变编辑器,设置渐变颜色如图 2-132 所示,单击"确定"按钮。

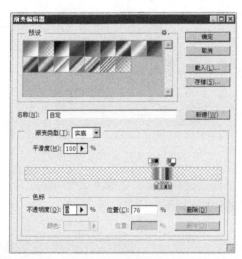

图 2-132 设置渐变色

(3) 新建"图层 1",将图层混合模式设为"滤色"模式。然后选择 ▣ (径向渐变) 类型,以图片下部为中心点画出径向渐变。接着使用 ▶ (移动工具) 将彩虹移动到合适的位置,结果如图 2-133 所示。

(4) 确认当前图层为背景图层。然后选择工具箱上的 ✺ (魔棒工具),容差值设为 30,并选中"连续"选项,接着配合 〈Shift〉 键,选取蓝天选区。

(5) 执行菜单中的"选择" | "反向"(快捷键 〈Ctrl+Shift+I〉)命令,创建蓝天以外的选区。然后选择"图层 1",单击 〈Delete〉 键删除选区中的对象,结果如图 2-134 所示。

(6) 按快捷键 〈Ctrl+D〉,取消选区。

图 2-133　径向渐变效果

图 2-134　删除天空以外的彩虹

（7）此时彩虹过于清晰，下面通过高斯模糊来解决这个问题。方法：执行菜单中的"滤镜"｜"模糊"｜"高斯模糊"命令，在弹出的对话框中设置参数，如图 2-135 所示，然后单击"确定"按钮，结果如图 2-136 所示。

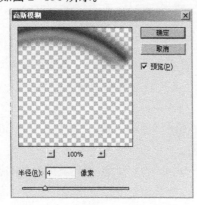

图 2-135　设置高斯模糊参数

图 2-136　模糊后效果

2.10.2　旧画报图像修复效果

要点：

本例将制作摄影图片局部去除效果，如图2-137所示。通过本例学习应掌握![ ](（单列选框工具）和![ ](仿制图章工具）的综合应用。

原图　　　　　　　　　　　　　　　　结果图

图 2-137　旧画报图像修复效果

操作步骤：

（1）打开配套光盘"素材及结果 \2.10.2 旧画报图像修复效果 \ 原图 .tif"文件，如图 2-137 所示。这张原稿是一张较残破的二次原稿（杂志图片），边缘有明显的撕裂和破损的痕迹，图中有极细的、规则的白色划痕，图像右下部有隐约可见的脏点，我们需要将图像中所有影响表观质量的部分都去除，最后恢复图像的本来面目。

（2）先来修去图中的直线划痕，对于图像中常见的很细的划痕或者文件损坏时会形成的贯穿图像的细划线，可以采取单像素的方法来进行修复。方法：放大图中有白色划线的部分，因为划线极细，所以要尽量放大进行准确修复。选取工具箱中的![ ](单列选框工具），它可以制作纵向的单像素宽度的矩形选区，用它在紧挨着白色划线的位置单击，设置一个单列矩形，如图 2-138 所示。

（3）选择工具箱中的![ ](移动工具），按住〈Alt〉键不松开，单击向左的方向键一次，此时会发现白色细划线已消失了，如图 2-139 所示。这种去除细线的方式仅用于快速去除 1 ~ 2 像素宽的极细划线，对于不是在水平或垂直方向上或是不连续的划线，可以用工具箱中的![ ](仿制图章工具）来进行修复。同样的方法，将图像中其余几根白色划线都去除，效果如图 2-140 所示。

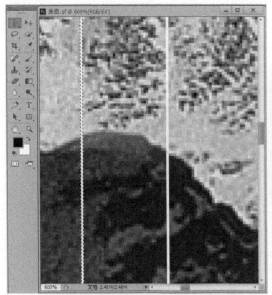

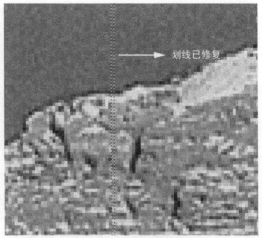

图 2-138　在紧挨着白色划线的位置设置一个单列矩形　　　图 2-139　白色细划线已消失了

（4）图片中局部所存在的撕裂痕迹及破损的部分比单纯的划痕要难以修复，因为裂痕波及较大的区域，破损部分需要凭借想象来弥补，因此在修复时必须对原稿被破坏处的内容进行详细分析。我们知道，修图的主要原理其实也是一种复制的原理，可以选取图像中最合理的像素，对需要修复的位置进行填补与覆盖。方法：选取 （仿制图章工具），将图像局部损坏部分放大，仔细修复。先将光标放在要取样的图像位置，按住〈Alt〉键单击，这个取样点是复制图像的源位置，松开〈Alt〉键移动鼠标，可将以取样点为中心（以小十字图标显示）的图像复制到新的位置，从而将破损的部位覆盖，如图 2-141 所示。

图 2-140　图像中所有白色细划线都被去除　　　　图 2-141　应用仿制图章工具修复破损部分

（5）不断变换取样点，灵活地对图像进行修复，对于天空等大面积蓝色的区域，可以换较大一些的笔刷来进行修复，还可以根据具体需要改变笔刷的"不透明度"设置，如图 2-142 所示。图像上部修复完成后的效果如图 2-143 所示。

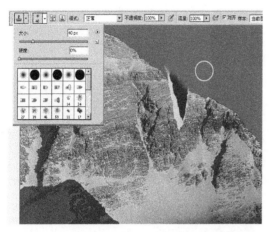

图 2-142　天空等大面积区域可以换较大的笔刷来进行修复

图 2-143　图像上部修复完成后的效果

（6）将图中其余部分的脏点去除的方法与上一步骤相似，此处不再累述，但修复时要注意小心谨慎，不能在图中留下明显的笔触或涂抹的痕迹，如图 2-144 所示。最后修复完成的完整的图像如图 2-145 所示。

图 2-144　修复细节

图 2-145　最后完成的效果图

2.10.3　摄影图片局部去除效果

要点：

　　对于普通的摄影原稿，由于后期设计的需要经常要对它进行裁剪与修整，本例将制作旧画报图像修复效果，如图2-146所示。通过本例学习应掌握 ![仿制图章工具]（仿制图章工具）和"仿制源"面板的综合应用。

原图　　　　　　　　　　　　　　　　　　结果图

图 2-146　摄影图片局部去除效果

操作步骤：

　　（1）打开配套光盘"素材及结果 \2.10.3 摄影图片局部去除效果 \ 原图 .tif"文件，如图 2-146 左图所示。

　　（2）进行粗略地大面积修复。Photoshop CS6 配合 ![仿制图章工具]（仿制图章工具）新增加了一个"仿制源"面板，它允许定义多个克隆源（采样点），可以在使用仿制工具和修复画笔修饰图像时得到更加全面的控制。方法：执行"窗口"|"仿制源"命令，打开如图 2-147 所示的"仿制源"面板，最上方 5 个按钮可以设置多个克隆源。选中工具箱中的 ![仿制图章工具]（仿制图章工具），设置一个大小适当的笔刷，然后按住〈Alt〉键在图像左上角位置单击，将其设为第一个克隆源，如图 2-148 所示。

图 2-147　"仿制源"面板

图 2-148　设置第一个克隆源

提示

克隆源可以是针对一个图层，也可以针对多个甚至所有图层。

（3）接着，点中"仿制源"面板上方第 2 个小按钮，然后按住〈Alt〉键在图像左上角另一位置单击，将其设为第二个克隆源。同样的方法，再点中调板上方第 3 个小按钮，按住〈Alt〉键在图像右上角树影位置单击，将其设为第 3 个克隆源，如图 2-149 所示。在面板上可以直接查看工具或画笔下的源像素以获得更加精确的定位，提供具体的采样坐标。

图 2-149　设置第 3 个克隆源

（4）现在开始进行复制，其原理是不断将 3 个克隆源位置的像素复制到小女孩的位置，将其覆盖。方法：在"仿制源"面板上点中第一个克隆源，然后将光标移至小女孩位置拖动，第一个克隆源所定义的像素被不断复制到该位置，将女孩图像覆盖，如图 2-150 所示。不断更换克隆源和笔刷大小，将女孩上半部全部用树影图像覆盖，如图 2-151 所示。

图 2-150　在面板上点中第一个克隆源，将光标移　　　图 2-151　不断更换克隆源，将女孩上半部全部
　　　　　　至小女孩位置拖动　　　　　　　　　　　　　　　　　用树影覆盖

（5）同理，将如图 2-152 所示草地位置设为第 4 个克隆源，继续进行图像修复。利用定义多个克隆源的方法可以快速地进行图像复制。

图 2-152　定义草地上的新克隆源

💡 提示

　　在"仿制源"面板中，还可以对克隆源进行移位缩放、旋转、混合等编辑操作，并且可以实时预览源内容的变化。选中"显示叠加"复选框可以让克隆源进行重叠预览。读者可根据具体图像需要进行调节。

　　(6) 图像修复最重要之处就是"不露痕迹"，因此最后阶段要进行的细节修整。图 2-153 中圈选出的位置要特别注意，放大进行细节调整，尤其是与中间女孩衔接的边缘，可以选用工具箱中的 🖊 (仿制图章工具)，设置稍小一些的笔刷点将其修复自然。最后完成的效果如图 2-154 所示。

图 2-153　图中标出的局部还需要细节修整

图 2-154　最后完成的效果图

2.11　课后练习

1. 填空题

　　(1) 利用_____工具，可移去用闪光灯拍摄的人物照片中的红眼，也可以移去用闪光灯拍摄的动物照片中的白色或绿色反光。

（2）渐变工具包括 5 种渐变类型，它们分别是：_____、_____、_____、_____和_____。

（3）使用_____能够精细地改变某一区域的色彩饱和度，但对黑白图像处理的效果不是很明显。在灰度模式中，海绵工具通过将灰色色阶远离或移到中灰来增加或降低对比度。

2．选择题

（1）取消选区的快捷键是（　　）。

A．Ctrl+A　　　　　B．Ctrl+D　　　　　C．Ctrl+C　　　　　D．Ctrl+V

（2）按住键盘上的（　　）键，可以从先前创建的选区中减去其后创建选区的相交部分，原选区将缩小。

A．Alt　　　　　B．Shift　　　　　C．Ctrl　　　　　D．Ctrl+Shift

3．问答题 / 上机题

（1）简述对图像选区的编辑方法。

（2）练习 1：利用配套光盘"课后练习 \2.11　课后练习 \ 练习 1"中的相关素材图片，制作出图 2–155 所示的烛光晚餐效果。

（3）练习 2：利用画笔工具制作图 2–156 所示的八卦图效果。

图 2–155　练习 1 效果

图 2–156　练习 2 效果

第3章

文 字 处 理

本章要点

Photoshop CS6 可以对文字设置各种格式，如斜体、上标、下标、下画线和删除线等，还可以对文字进行变形、查找和替换，对英文单词进行拼写检查，并能将文字转换为矢量路径，轻松地将矢量文本与图像完美结合，随图像数据一起输出。通过本章学习应掌握以下内容：

- 输入文本
- 设置文本格式
- 编辑文本

3.1 输 入 文 本

在 Photoshop CS6 中有"点文字"和"段落文字"两种文字输入方式。下面就来具体讲解一下它们的使用。

3.1.1 输入点文字

"点文字"输入方式是指在图像中输入单独的文本行（如标题文本），或者想要应用文本嵌合路径等特殊效果时，输入"点文字"非常适合。

输入"点文字"的具体操作步骤如下：

（1）单击工具栏中的 （横排文字工具）按钮，打开图 3-1 所示的下拉菜单。在其中选择某一文字工具，如果选择"文字蒙版工具"，则可以在图像中建立文字选取范围。

（2）选择相应文字工具后，会出现图 3-2 所示的相应文字工具的工具选项栏，在其中可以设置字体、字号、消除锯齿方式、对齐方式以及字体颜色。

图3-1　文字工具下拉菜单

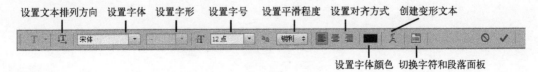

图3-2　文字工具选项栏

（3）移动鼠标指针到图像窗口中单击，此时图像窗口显示一个闪烁光标，表示可以输入文字了。

（4）输入文字后，单击 ✓ 按钮，就可以完成输入；单击 ◯ 按钮，则将取消输入操作。

（5）在 RGB、CMYK、Lab、灰度模式的图像中输入文字，"图层"面板会自动产生一个新的文字图层，如图 3-3 所示。

图3-3　输入点文字后效果

3.1.2　输入段落文字

使用"段落文字"可以输入大片的文字内容。输入段落文字时，文字会基于文字框的尺寸自动换行。用户可以根据需要自由调整定界框的大小，使文字在调整后的矩形框中重新排列，也可以在输入文字时或创建文字图层后调整定界框，甚至还可以使用定界框旋转、缩放和斜切文字。

输入"段落文字"的具体操作步骤如下：

（1）选择工具箱中的 [T]（横排文字工具），在要输入文本的图像区域内沿对角线方向拖动出一个文本定界框。

（2）在文本定界框内输入文本，如图 3-4 所示。此时不用按〈Enter〉键就可以进行换行输入。

（3）输入完毕后，单击 ✓ 按钮，就可以完成输入。

图3-4　输入段落文字

3.2　设置文本格式

在 Photoshop CS6 中无论输入点文字还是段落文字，都可以使用格式编排选项来指定字体类型、粗细、大小、颜色、字距微调、基线移动及对齐等属性。用户可以在输入字符之前就将文字属性设置好，也可以对文字图层中选择的字符重新设置属性，更改它们的外观。

3.2.1　设置字符格式

Photoshop CS6 有着强大的文字处理功能。在进行文字处理时，无论是输入文字前还是输入文字后，都可以对文字格式进行精确设置，如更改字体、字符的大小、字距、对齐方式、颜色、行距和字符间距等，以及对文字作拉长、压扁等处理。

1．显示字符面板

在默认情况下，Photoshop CS6 不显示字符面板。执行菜单中的"窗口"|"字符"命令，可以调出字符面板，如图 3-5 所示。

2．设置字体

设置字体的具体操作步骤如下：

（1）在需选中的文本范围的起始位置按下鼠标左键，并拖动到终止文字，从而选取要设置字体的文字。

（2）在字符面板左上角的"字体"下拉列表框中选择想要使用的字体，图像文件中的文字就会相应的改变，如图 3-6 所示。

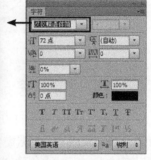

图3-5　字符面板　　　　　　　　　　　　　图3-6　改变字体大小

3．改变字体大小

改变字体大小的具体操作步骤如下：

（1）选择要设置字符大小的文字。

（2）在工作区最上部文字选项栏或字符面板的 [图] （设置字体大小）下拉列表框中输入文字大小数值，即可改变所选文字的大小。

4．调整行距

行距指的是两行文字之间的基线距离（基线是一条看不见的直线，大部分文字都位于这条直线的上面），Photoshop CS6 默认的行距设置为"自动"。调整行距的具体操作步骤如下：

（1）选择要调整行距的文字。

（2）在字符面板的 [图（自动）] （设置行距）下拉列表框中直接输入行距数值即可。

5．调整字符间距

调整字符间距的具体操作步骤如下：

（1）选择要调节字符间距的文字。

（2）在字符面板的 [图 0] （设置所选字符的字距调整）下拉列表框中直接输入字符间距的数值（输入正数值使字符间距增加，输入负数值使字符间距减少），或在其下拉列表中选择想要设置的字符间距数值。

6．更改字符长宽比例

更改字符长宽比例的具体操作步骤如下：

（1）选择需要调整字符水平或垂直缩放比例的文字。

（2）在字符面板的 （垂直缩放）文本框和 （水平缩放）文本框中输入数值，即可缩放所选的文字。

7．偏移字符基线

偏移字符基线的具体操作步骤如下：

（1）选择要偏移字符基线的文字。

（2）在字符面板的 （设置基线偏移）下拉列表框中输入数值，正值使文字向上移，负值使文字向下移，类似 Word 中的上下标。

8．更改字符颜色

更改字符颜色的具体操作步骤如下：

（1）选中要更改颜色的字符。

（2）单击字符面板"颜色"后的颜色框，打开"拾色器"对话框。从中选择需要的颜色后，单击"确定"按钮，即可对所选字符应用新的颜色。

9．转换英文字符大小写

在 Photoshop CS6 中，可以很方便地转换英文字符的大小写，具体操作步骤如下：

（1）选取文字字符或文本图层。

（2）单击字符面板中的 （全部大写字母）按钮或者 （小型大写字母）按钮，即可更改所选字符的大小写。

3.2.2　设置段落格式

Photoshop CS6 中的段落是指在输入文本时，末尾带有回车符的任何范围的文字。对于点文字来说，也许一行就是一个单独的段落；而对于段落文字来说，一段可能有多行。段落格式的设置主要通过"段落"面板来实现。

在默认情况下，Photoshop CS6 不显示段落面板。执行菜单中的"窗口"|"段落"命令，可以调出段落面板，如图3-7所示。

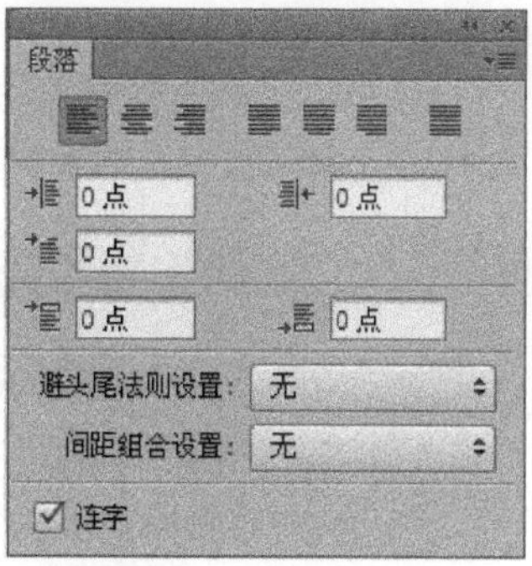

对段落格式的设置主要体现在段落对齐、段前段后间距的设置上。

1．段落对齐

在 Photoshop CS6 中为了达到图像整体效果的协调性，一般都需要对输入文本的对齐方式进行设置。不管输入的是点文字还是段落文字，都可以使其按照需要选择左对齐、右对齐、居中对齐，以达到整洁的视觉效果。

图3-7　"段落"面板

设置段落对齐的具体操作步骤如下：

（1）选取需要设置段落文字对齐方式的文字。

（2）根据需要，单击"段落"面板最上方的设置段落对齐的 7 种按钮即可。

- （左对齐文本）：段落中的每一行文本都靠左边排列。

- （居中对齐文本）：段落中的每一行文本都由中间向两边分布，始终保持文本处在行的中间。

- ▣（右对齐文本）：段落中的每一行文本都靠右边排列。
- ▣（最后一行左对齐）：段落中的最后一行文本靠左边排列，其余行在左右两边之间均匀排列。
- ▣（最后一行居中对齐）：段落中的最后一行文本居中排列，其余行在左右两边之间均匀排列。
- ▣（最后一行右对齐）：段落中的最后一行文本靠右边排列，其余行在左右两边之间均匀排列。
- ▣（全部对齐）：段落中的每一行文本都在左右两边之间均匀排列。

2．段落缩进和间距

段落缩进是指段落文字与文字边框之间的距离，或者是段落首行（第一行）缩进的文字距离。段落间距是指当前段落与上一段落或下一段落之间的距离。进行段落缩进和间距处理时，只会影响选中的段落区域，因此可以对不同段落设置不同的缩进方式和间距，增加创作中文本处理的灵活性。设置段落缩进和间距的具体操作步骤如下：

（1）选取一段文字或在"图层"面板上选择一个文字图层。

（2）当需要段落缩进时，在"段落"面板上单击设置段落缩进的 3 种按钮即可。

- ▪（左缩进）：段落的左边距离文字区域左边界的距离。
- ▪（右缩进）：段落的右边距离文字区域右边界的距离。
- ▪（首行缩进）：每一段的第一行留空或超前的距离，中文习惯里，每一段的开头一般空两个字宽。

（3）当需要设置段间距时，在"段落"面板上单击设置段间距的 2 种按钮即可。

- ▪（段前添加空格）：当前段落与上一段落的距离。
- ▪（段后添加空格）：当前段落与下一段落的距离。

3.3 编 辑 文 本

在设计作品中如果只是输入单纯的文本，会使文字版面显得特别单调，这时就可以对文本进行一些编辑操作，例如对文字进行旋转和扭曲变形等。

3.3.1 文本的旋转和变形

在 Photoshop CS6 中可以对文本进行旋转、翻转和变形的操作，具体操作步骤如下：

（1）在"图层"面板中选择要进行旋转和翻转的文本图层。

（2）执行菜单中的"编辑"|"变换"命令，从子菜单中选择相应的命令，即可对文字进行缩放、旋转、斜切等操作。

（3）此外，还可以对段落文字进行自由变换的操作，方法是：将鼠标指向定界框外，其指针会变为一个弯曲的双向箭头，如图 3-8 所示，此时按下鼠标左键并移动鼠标，即可随意地旋转文字。

（4）对文字进行变形操作。方法是：单击"文字工具"工具栏中的 ⊥（创建文字变形）按钮，弹出如图 3-9 所示的对话框，在"样式"下拉列表框中可以选择所需的文字变形样式，单击"确定"按钮即可对文字进行相应的变形。

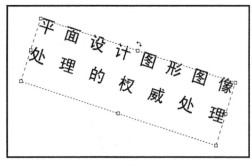

图3-8　调整定界框

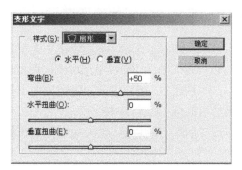

图3-9　"变形文字"对话框

3.3.2　消除文字锯齿

消除文字锯齿是指在文字的边缘位置适当填充一些像素，从而使文字边缘可以平滑地过渡到背景中。消除文字锯齿的具体操作步骤如下：

（1）选中需消除锯齿的文字图层。

（2）选择工具箱上的文字工具，在其选项栏的 aa 无 ▾（消除锯齿）下拉列表框中根据需要选择"无"、"锐利"、"犀利"、"浑厚"、"平滑"选项即可。图 3-10 为选择"无"和"平滑"选项时的效果比较。

平面设计　平面设计

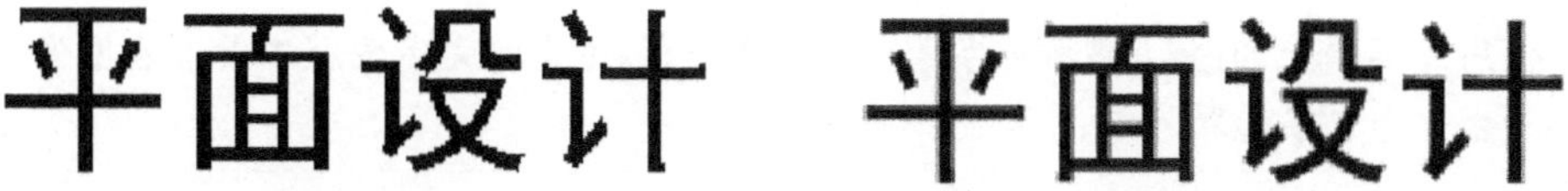

选择"无"　　　　　　　　　　　　选择"平滑"

图3-10　选择"无"和"平滑"选项时的效果比较

3.3.3　更改文本排列方式

Photoshop CS6 提供了两种文字排列方式，分别是垂直排列和水平排列。在水平排列方式和垂直排列方式之间进行互换的具体操作步骤如下：

（1）在"图层"面板中选中文字图层。

（2）执行菜单中的"文字"|"取向"命令，打开其子菜单，如图 3-11 所示。然后根据需要选择"垂直"或"水平"命令，就可以在两种方式之间互换，结果如图 3-12 所示。

图3-11　打开"文字"子菜单

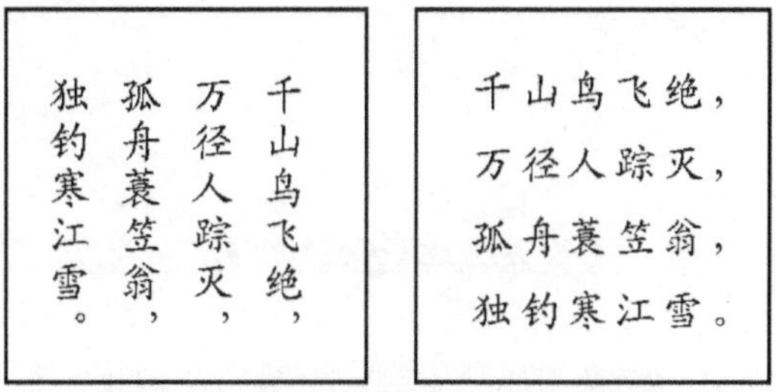

独钓寒江雪。
孤舟蓑笠翁，
万径人踪灭，
千山鸟飞绝，

千山鸟飞绝，
万径人踪灭，
孤舟蓑笠翁，
独钓寒江雪。

图3-12　"垂直"和"水平"效果比较

3.3.4　将文本转换为选取范围

在 Photoshop CS6 中，在创建了文字之后还可以将文本转换为选取范围，具体操作步骤如下：

（1）在"图层"面板中选中文字图层。

（2）按住〈Ctrl〉键的同时，单击"图层"面板中的文字图层，就可以将文字图层的文字转换为选取范围，如图 3-13 所示。

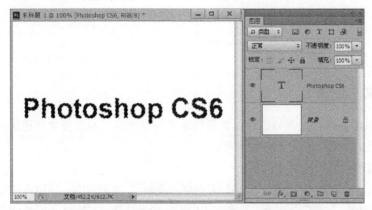

图3-13　将文字图层的文字转换为选取范围

 提示

使用工具箱上的 ▨（横排文字蒙版工具）和 ▨（直排文字蒙版工具）在图像中可以直接产生一个文字选取范围。

3.3.5　将文本转换为路径和形状

在 Photoshop CS6 中的文字是矢量图形，包括轮廓数据，因此能很方便地转换为路径或是转换为图形，便于以后的编辑，具体操作步骤如下：

（1）输入文本，并在"图层"面板上选择想要转换成路径或形状的文本。

（2）执行菜单中的"文字"｜"创建工作路径"命令，可以将文字转换为路径，如图 3-14 所示。

图3-14　将文字转换为路径

（3）执行菜单中的"文字"｜"转换为形状"命令，可以将文字转换为形状，如图 3-15 所示。

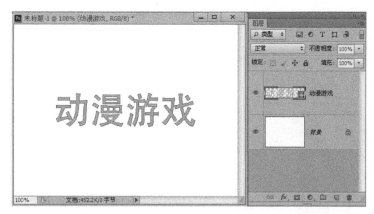

图3-15 将文字转换为形状

3.3.6 沿路径排列文本

沿路径排列文字是指将输入的文字沿着指定的路径排列。创建沿路径排列文字的具体操作步骤如下：

（1）选择工具箱上的 ![]（钢笔工具）绘制路径，如图 3-16 所示。

（2）选择工具箱上的 ![]（横排文字工具）或 ![]（直排文字工具），将鼠标移动到路径上，当指针变为 ![] 时，单击鼠标左键，输入文字即可，结果如图 3-17 所示。

图3-16 绘制路径　　　　　　　　　　图3-17 沿路径排列文本

（3）在创建了沿路径排列的文字后，除了可以随时对文字本身进行编辑之外，还可以很方便地将其沿着路径移动、镜像，或是沿路径的变化而改变形状。方法：选择工具箱上的 ![]（直接选择工具）和 ![]（路径选择工具），然后将鼠标移动到文字上，当指针变为 ![] 时，沿路径拖动鼠标即可将文字沿着路径移动。利用 ![]（直接选择工具）选中路径上的锚点，还可以改变路径的形状。

3.4 实 例 讲 解

本节将通过"广告宣传版面效果 1"、"广告宣传版面效果 2"和"制作巧克力文字"3 个实例来讲解文本在实践中的应用。

3.4.1 广告宣传版面效果 1

 要点：

　　本例将制作球面文字效果，如图3-18所示。通过本例学习应掌握图像边缘的虚化、文字图形化、段落文本的整体调节以及图文混合排版的综合使用。

操作步骤：

（1）执行菜单中的"文件"｜"新建"命令，打开"新建"对话框，在其中设置参数，如图 3-19 所示，单击"确定"按钮，新创建"广告宣传版面效果 1.psd"文件。

图3-18　宣传单页版面效果

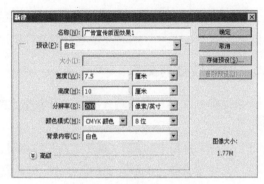

图3-19　新创建一个文件

（2）打开配套光盘"素材及结果 \3.4.1 广告宣传版面效果 1\ 女孩 .tif"文件，如图 3-20 所示。然后选择工具箱中的 ![移动工具] （移动工具）将"女孩 .tif"全图拖动到"广告宣传版面效果 1.psd"文件画面右上方的位置，在"图层"面板中自动生成"图层 1"。然后，按〈Ctrl+T〉快捷键应用"自由变换"命令，按住〈Shift〉键拖动控制框边角的手柄，使图像等比例缩小一些，如图 3-21 所示。

图3-20　女孩.tif

图3-21　使图像等比例缩小一些

（3）在版面设计中，女孩图像四周要经过虚化到白色背景的处理。方法：选择工具箱中的 （多边形套索工具），在其选项栏内将"羽化"设置为 10 像素，然后在图像左侧圈选出如图 3-22 所示区域，选区闭合后，按〈Delete〉键进行删除，得到如图 3-23 所示效果。

图3-22　圈选出人像左侧背景　　　　　　　　图3-23　按〈Delete〉键删除背景

（4）图像左侧已融入白色背景中，但下部边缘还显得生硬。接下来再选用工具箱中的 （套索工具），在其选项栏内将"羽化"设置为 30 像素，按〈Delete〉键进行删除，得到如图 3-24 所示效果。如果一次删除边缘还不够自然，可以多次按〈Delete〉键进行删除，最后使图像四周自然地融入到白色背景之中，如图 3-25 所示。

图3-24　圈选图像下部区域进行删除　　　　图3-25　图像四周自然地融入到白色背景之中

（5）打开配套光盘"素材及结果 \3.4.1 广告宣传版面效果 1\ 花形图 .tif"文件，如图 3-26 所示。这是一张简单的黑白图案。选择工具箱中的 （魔棒工具）在黑色区域单击鼠标，将其制作成为选区。然后用 （移动工具）将选区内的花形图拖动到"广告宣传版面效果 1.psd"画面内，在"图层"面板中自动生成"图层2"。

(6) 执行菜单中的"编辑"｜"变换"｜"扭曲"命令，图形四周出现矩形的控制框，拖动扭曲变形控制框边角的手柄，使图形发生一定程度的透视变形，效果如图3-27所示，调节完成后，按〈Enter〉键确认变形，并将花形图移到版面的左上角部位，效果如图3-28所示。

(7) 在"图层"面板中按住〈Ctrl〉键单击"图层2"名称前的缩略图，得到花形的选区。将工具箱中的前景色设置为一种浅蓝色（参考色值RGB（140，200，228）），背景色设置为白色，然后选择工具箱中的 ▣（渐变工具），从花形的右下向左上方向，应用如图3-29所示的线性渐变效果。

图3-26 "花形图.tif"

图3-27 使图形发生一定程度的透视变形

图3-28 将花形图移到版面的左上角部位

(8) 同理，再复制一份花形到画面中，生成"图层3"，然后将其放置在如图3-30所示版面右下角，填充为浅蓝色至白色的线性渐变。

图3-29 在花形中添加浅蓝色至白色的线性渐变

图3-30 再复制一份花形置于版面右下角

(9) 选择工具箱中的 T （横排文字工具），单击操作窗口的中央位置输入文字"LIGHT MUSIC"，分两行排列。然后执行菜单中的"窗口"｜"字符"命令，调出"字符"面板，在其中设置"字体"为"Arial Black"，"字体大小"为 40 pt，"行距"为 32 pt。效果如图 3-31 所示。

(10) 由于标题文字还要进行一系列图形化的操作，因此需要将其先转换为普通图形。方法：先执行菜单中的"文字"｜"栅格化文字图层"命令，文本被转化为普通的点阵图，然后对它先进行变形操作，按〈Ctrl+T〉快捷键应用"自由变换"命令，参照图 3-32 所示效果，使标题文字进行旋转并再稍微拉大一些。调节完成后，按〈Enter〉键确认变形。

图3-31　输入文本并设置文本参数　　　　　图3-32　使文字进行旋转缩放变形

(11) 现在的问题是标题英文字体笔画还是不够粗，在没有更适当的粗体字的情况下，可以采用选区扩张的方式来解决。方法：在"图层"面板中按住〈Ctrl〉键单击文字图层名称前的缩略图，得到文字的选区，然后，执行菜单中的"选择"｜"修改"｜"扩展"命令，在弹出的对话框中设置参数，如图 3-33 所示，单击"确定"按钮，文字选区向外部扩张出一圈 3 像素宽的边，如图 3-34 所示。

图3-33　"扩展选区"对话框　　　　图3-34　文字选区向外部扩张出一圈3像素宽的边

(12) 将工具箱中的前景色设置为蓝色（参考色值 RGB（40,180,220）），然后按〈Alt+Delete〉快捷键，将其填充到文字内部，结果如图 3-35 所示。下面要将文字的颜色与底图间形成一种透叠的关系，在"图层"面板上将"混合模式"更改为"正片叠底"，得到如图 3-36 所示效果。标题文字制作完成。

图3-35 将扩展后的文字填充为蓝色

图3-36 将"混合模式"更改为"正片叠底"

（13）再输入一段文本，设置"字体"为"Arial"，"字体大小"为6 pt、"行距"为6 pt，效果如图 3-37 所示。然后用 T （横排文字工具）选中局部文字，将它们更改为不同的颜色，如图 3-38 所示。

图3-37 再输入一段文本

图3-38 选中局部文字，将它们更改为不同的颜色

（14）按〈Ctrl+T〉快捷键应用"自由变换"命令，这里采用比较精确的旋转方式，在选项栏内，如图 3-39 所示进行设置。设置旋转角度为 -10°，使文字沿逆时针方向旋转 10°，得到如图 3-40 所示效果。

图3-39 在选项栏内设置旋转角度为 -10°

（15）在版面中再贴入三张小图片（请读者自己寻找任意图片），采用与上一步骤同样精确旋转的方法，将图片也都沿逆时针方向旋转 10°，得到如图 3-41 所示效果。

图3-40　文字沿逆时针方向旋转10°

图3-41　在版面中再贴入3张小图片并沿逆时针
方向旋转10°

3.4.2　广告宣传版面效果 2

 要点：

　　本例将制作一个以文字夸张变形为主的海报版式，如图3-42所示。通过本例学习应掌握创建文字变形、文字图形化、段落文本的整体调节等知识的综合使用。

 操作步骤：

　　（1）执行菜单中的"文件"｜"新建"命令，打开"新建"对话框，在其中设置参数，如图3-43所示，单击"确定"按钮，新创建"广告宣传版面效果2.psd"文件。然后，将工具箱中的前景色设置为黄灰色（参考色值为RGB（220，200，84）），按〈Alt+Delete〉快捷键，将图像背景填充为黄灰色。

图3-42　广告宣传版面效果2

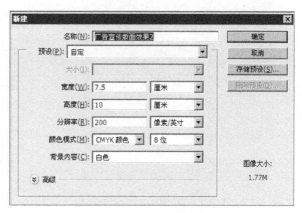

图3-43　设置新建参数

（2）选择工具箱中的 T （横排文字工具），在页面中输入如图 3-44 所示文字，在选项栏内设置"字体"为"黑体简"，"字体大小"为 18 pt。然后将文字颜色设置为品红色（参考色值为 RGB（177，23，205）），并且将其中局部文字选中，更改为其他颜色（读者可自己选色）。

（3）在文本工具的选项栏内单击 ▤（右对齐文本）按钮，使段落文本右侧对齐，如图 3-45 所示。然后按〈Ctrl+T〉快捷键应用"自由变换"命令，在选项栏内设置旋转角度为 -35°，使文字沿逆时针方向旋转 35°，得到如图 3-46 所示效果。

图3-44 在页面中输入文字

图3-45 使段落文本右侧对齐

（4）在文本工具的选项栏内单击 ℁ （创建文字变形）按钮，在弹出的"变形文字"对话框中设置参数，如图 3-47 所示，在"样式"下拉列表框中选择"拱形"选项，这种变形方式可以让文字沿圆筒状的曲面进行排列，单击"确定"按钮，得到如图 3-48 所示效果。

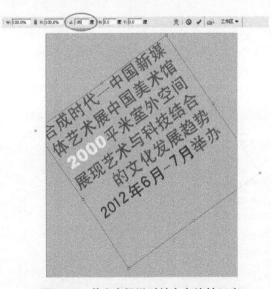

图3-46 使文字沿逆时针方向旋转35度

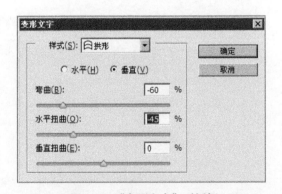

图3-47 "变形文字"对话框

（5）下面，我们还想使文字的透视变形与扭曲的效果更强烈一些，因此需要将其先转换为普通图形。方法：先执行菜单中的"文字"｜"栅格化文字图层"命令，文本被转化为普通的点阵图，然后对它先进行变形操作，执行菜单中的"编辑"｜"变换"｜"扭曲"命令，文本图形四周出现矩形的控制框，拖动扭曲变形控制框边角的手柄，使图形透视变形的程度加大，效果如图 3–49 所示，调节完成后，按〈Enter〉键确认变形。

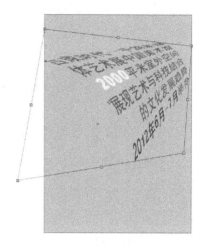

图3–48　让文字沿圆筒状的曲面进行排列　　　　图3–49　应用"扭曲"功能使图形透视变形的程度加大

（6）再输入一行文本"www.mediartchina.org"，在选项栏中设置"字体"为"Arial"，"字体大小"为 12 pt，文字颜色为蓝色（参考色值 RGB（10，140，184）），然后将文本图层栅格化。接下来，执行菜单中的"编辑"｜"变换"｜"扭曲"命令，向下拖动扭曲变形控制框右上角的手柄，使文字右侧逐渐变小，调节完成后，按〈Enter〉键确认变形。效果如图 3–50 所示。

（7）按〈Ctrl+T〉快捷键应用"自由变换"命令，文字四周再次出现控制框，对其进行旋转操作并移动到如图 3–51 所示位置，此时文字的摆放角度和透视关系都不正确。这里教大家一个非常实用的快捷键来解决这个问题：将光标移动到文字变形框左上手柄上，先按下鼠标键不松开，然后再按下〈Ctrl〉键拖动鼠标，如图 3–52 所示，可以使文字的走向与透视关系得到微妙的改观。

图3–50　输入单行文本并先进行扭曲变形　　　　图3–51　对文字进行旋转操作并移动位置

（8）最后再添加一段字号较小的文本，放置于页面左下角。至此整个广告宣传版面制作完成，最后的效果如图 3-53 所示。

图3-52　调整文字的走向与透视关系

图3-53　最后完成的效果图

3.4.3　制作巧克力文字

　要点：

　　本案例将制作一个具有巧克力肌理质感的文字效果，如图3-54所示。文字的制作大致分为两部分：首先是巧克力字部分，制作之前需要自己画出巧克力的方块图形，并定义为图案，然后用图层样式来控制浮雕效果。另外是底部的奶油效果，用设置好的笔刷描边路径制作出底色，再用图层样式制作出浮雕效果即可。通过本案例的学习，读者应掌握创建横排文字、将文字转换为形状、自定义图案和图层样式的运用。

图3-54　巧克力文字效果

操作步骤：

（1）执行菜单中的"文件"|"新建"命令，然后在弹出的对话框中设置"名称"为"巧克力文字"，并设置其余参数，如图 3-55 所示，单击"确定"按钮，从而新建一个空白文件。

（2）在制作巧克力文字之前需要首先制作一个牛皮纸色调的背景效果。方法：先将前景色设置为黄色（颜色参考数值为 CMYK（5，25，90，0）），背景色设置为橙色（颜色参考数值为 CMYK（10，75，90，0））。然后选择工具箱中的 （渐变工具），并在工具选项栏中选择 （径向渐变）类型，再单击工具选项栏左侧 （点按可编辑渐变）图标，在弹出的"渐变编辑器"对话框中选择"从前景色到背景色渐变"选项（预设中的第一个色标），如图 3-56 所示。接着在画面中从中间向左上角拖动鼠标，得到如图 3-57 所示的径向渐变效果。

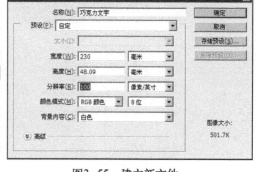

图3-55　建立新文件

图3-56　"渐变编辑器"对话框

图3-57　画面应用径向渐变效果

（3）下面将牛皮纸素材图片置入到背景中。方法：打开配套光盘中的"素材及结果 \3.4.3 制作巧克力文字 \ 牛皮纸 .jpg"文件，如图 3-58 所示，然后按〈Ctrl+T〉快捷键，调出自由变换控制框，接着调整图像的大小和位置，使其填满画面。调整完毕后按〈Enter〉键，确认变换操作。最后在"图层"面板中将图层的不透明度设置为"50%"，如图 3-59 所示，此时牛皮纸透出了背景中的渐变色调，效果如图 3-60 所示。

图3-58　素材"牛皮纸.jpg"

图3-59　将"牛皮纸"图层的
不透明度设置为50%

图3-60　牛皮纸透出背景中的渐变
色调效果

（4）继续画面背景效果的制作。单击"图层"面板下方的 ○（创建新的填充或调整图层）按钮，然后从弹出的快捷菜单中选择"色相"｜"饱和度"命令。接着在"调整"面板中将"色相"值设置为 −10，"饱和度"值设置为 −50，如图 3−61 所示，此时画面颜色变暗，呈现出牛皮纸的色调感觉，效果如图 3−62 所示，此时图层分布如图 3−63 所示。

图3−61　在"调整"面板中设置　　　图3−62　牛皮纸色调背景效果　　　图3−63　图层分布
　　　　色相和饱和度

（5）下面制作一个"巧克力"图案。方法：执行菜单中的"文件"｜"新建"命令，在弹出的对话框中设置"名称"为"巧克力"，并设置其余参数，如图 3−64 所示，单击"确定"按钮，从而得到一个白色正方形画布。然后按〈Ctrl+"+"〉快捷键，将画布放大以便后面制作。

（6）为正方形添加描边效果。方法：选择工具箱中的 ▦（矩形选框工具），按住〈Shfit〉键的同时拖动鼠标，绘制一个同画面等大的正方形选框，如图 3−65 所示。然后执行菜单中的"编辑"｜"描边"命令，在弹出的对话框中设置各项参数（颜色参考数值为 CMYK（55,45,40,0）），如图 3−66 所示，单击"确定"按钮，此时正方形内部出现了如图 3−67 所示的灰色描边效果。

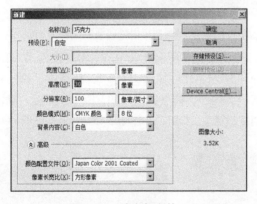 

图3−64　建立新文件　　　　　　　　图3−65　绘制一个同画面等大的正方形选框

（7）利用 ▦（矩形选框工具）沿灰色描边内侧绘制一个正方形选框，如图 3−68 所示。然后执行"编辑"｜"描边"命令，在弹出的对话框中按图 3−69 所示进行参数设置（颜色参考数值为 CMYK（85，80，75，60）），单击"确定"按钮，此时正方形内侧又多了一层黑色的描边。最后按快捷键〈Ctrl+D〉取消选择，效果如图 3−70 所示。

（8）同理，在黑色边框之内再添加一个宽度为"2像素"的灰色描边（颜色参考数值为CMYK（25, 20, 20, 0）），然后取消选区，效果如图 3-71 所示。接着执行菜单中的"编辑"|"定义图案"命令，在弹出的对话框中将图案命名为"巧克力"，单击"确定"按钮，从而将刚才绘制的正方形图案存储到图案库中。

图3-66　在"描边"对话框中设置参数

图3-67　正方形内部灰色描边效果

图3-68　沿灰色描边内侧绘制一个正方形选框

图3-69　设置描边参数

图3-70　黑色描边效果

图3-71　灰色描边效果

（9）返回到"巧克力文字"文件中，然后选择工具箱中的 T.（横排文本工具），再执行菜单中的"窗口"|"字符"命令，打开"字符"面板。接着在其中设置要输入文字的各项参数（颜色参考数值为CMYK（55, 80, 100, 30）），如图 3-72 所示。最后分两行输入英文"tasty dessert"，如图 3-73 所示，此时图层分布如图 3-74 所示。

（10）将文字图层拖到"图层"面板下方的 [图] （创建新图层）按钮上，将其复制一份，得到"tasty dessert 副本"图层。然后将其命名为"阴影"，并移至文字图层的下方。最后单击该图层前的 [图] （指示图层可见性）图标，将该图层暂时隐藏，如图 3-75 所示。

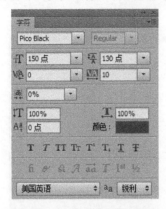

图3-72　设置文字的各项参数

图3-73　在画面中输入文字的效果

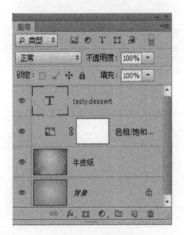

图3-74　图层分布

图3-75　新建"阴影"图层并将其暂时隐藏

 提示

此步骤的目的是为之后制作文字的阴影效果做好准备。

（11）现在选择"tasty dessert"文字图层，为其添加一些列图层样式，从而呈现出巧克力的质感。方法：单击"图层"面板下方的 [fx.] （添加图层样式）按钮，从弹出的快捷菜单中选择"投影"命令，然后在弹出的"图层样式"对话框中设置"投影"参数，如图 3-76 所示（颜色参考数值为 CMYK (65，80，100，55)）。接着在"图层样式"对话框左侧一栏选中"内阴影"选项，并在对话框右侧设置内阴影的参数，如图 3-77 所示（颜色参考数值为 CMYK (55，80，100，30)），最后单击"确定"按钮，此时可以看到文字有了如图 3-78 所示的隐隐的投影和内阴影效果。

（12）继续为文字添加图层样式。方法：选择"tasty dessert"文字图层，单击"图层"面板下方的 [fx.] （添加图层样式）按钮，从弹出的快捷菜单中选择"斜面和浮雕"命令，然后在弹出的"图层样式"对话框中设置参数，如图 3-79 所示（高亮颜色参考数值为 CMYK (60，70，80，20)，阴影颜色参考数值为 CMYK (45，65，85，5)，并选中"消除锯齿"复选框）。

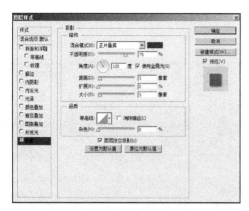

图3-76　设置"投影"参数

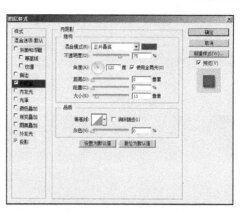

图3-77　设置"内阴影"参数

图3-78　文字添投影、内阴影后的效果

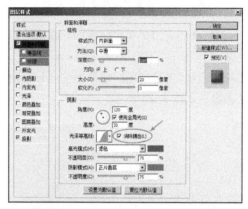

图3-79　设置"斜面和浮雕"参数

（13）在"图层样式"对话框中选中左侧"斜面和浮雕"选项下的"等高线"选项，然后单击"等高线"右侧的下三角按钮，从弹出的面板中选择"高斯"选项，如图3-80所示。接着选中左侧"斜面和浮雕"选项下的"纹理"选项，再在右侧单击"图案拾色器"，从弹出的面板中选择步骤（5）～（8）制作的"巧克力"图案，并将缩放值设置为60%，如图3-81所示。最后单击"图层样式"对话框左侧的"颜色叠加"选项，并在左侧将其颜色设置为深咖啡色（颜色参考数值为CMYK（60，75，90，35）），如图3-82所示。单击"确定"按钮，此时可以看到画面中的文字呈现出了如图3-83所示的巧克力的纹理质感。

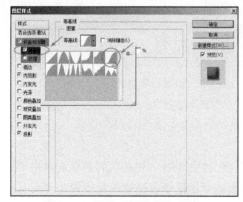

图3-80　设置"等高线"参数

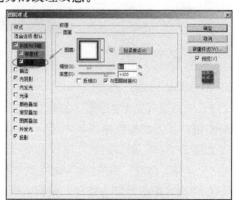

图3-81　设置"纹理"参数

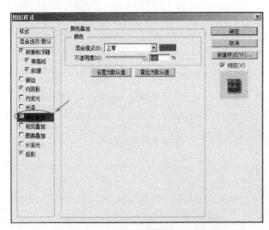

图3-82　设置"颜色叠加"参数　　　　　　图3-83　添加系列图层样式后的文字效果

（14）在巧克力文字周围增加一圈奶油的效果。方法：首先在"tasty dessert"文字图层下面新建一个"奶油"图层，如图3-84所示。然后将前景色设置为白色，接着选择工具箱中的 ▲（画笔工具），在其工具选项栏中单击 ⊠（切换到画笔面板）按钮，再在弹出的"画笔"面板中设置相关参数，如图3-85所示。

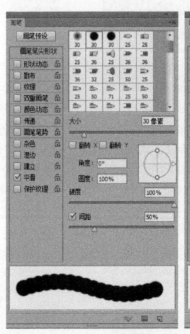

图3-84　新建"奶油"图层　　　　　　　图3-85　设置画笔参数

（15）选择工具箱中的 ✎（钢笔工具），在"图层"面板的"tasty dessert"文字图层上单击鼠标右键，从弹出的快捷菜单中选择"创建工作路径"命令，如图3-86所示，此时文字周围出现了如图3-87所示的路径。

（16）选择"奶油"图层，然后切换到"路径"面板，按住〈Alt〉键的同时用鼠标单击"路径"面板下方的 ○（用画笔描边路径）按钮，接着在弹出的对话框中将描边工具设置为"画笔"，如图3-88所示，单击"确定"按钮。最后在"路径"面板的空白处单击鼠标右键，隐藏路径，此时可以看到画面中文字周围出现了一圈白色像奶油似的不规则描边效果，如图 3-89 所示。

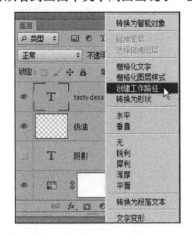

图3-86 执行"创建工作路径"命令

图3-87 文字周围显示出路径

图3-88 选择"画笔"描边

图3-89 文字描边后的效果

(17) 回到"图层"面板给"奶油"图层添加一系列图层样式，使其效果更加逼真。方法：单击"图层"面板下方的 ▲ (添加图层样式)按钮，从弹出的快捷菜单中选择"投影"命令，然后在弹出的"图层样式"对话框中参照图 3-90 设置"投影"参数（颜色参考数值为 CMYK (60，50，50，0)）。接着在"图层样式"对话框左侧选中"斜面和浮雕"选项，并设置其参数，如图 3-91 所示（阴影颜色参考数值为 CMYK (50，50，60，0)）。最后分别选择"斜面和浮雕"选项下的"等高线"和"纹理"选项，并参照图 3-92 和图 3-93 进行各项参数设置。

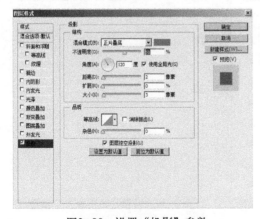

图3-90 设置"投影"参数

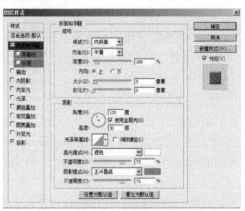

图3-91 设置"斜面和浮雕"参数

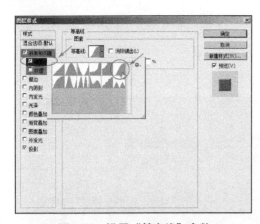

图3-92 设置"等高线"参数

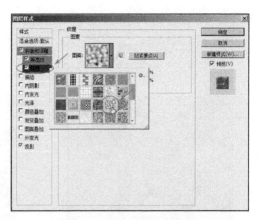

图3-93 设置"纹理"参数

提示

此处选择的纹理需要加载。方法：首先单击图案旁的下三角按钮，打开图案拾取器。然后单击右上角的 ✿▸ 图标，从弹出的快捷菜单中选择"图案"选项（见图3-94），再在弹出的确认对话框中单击"追加A"按钮（见图3-95），即可将图案载入。

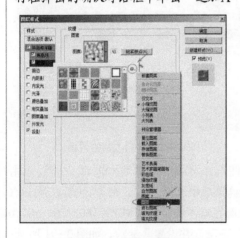

图3-94 加载"图案"选项

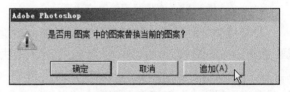

图3-95 在询问对话框中单击"追加A"按钮

(18) 下面继续在"图层样式"对话框左侧选中"颜色叠加"选项，并设置其参数，如图 3-96 所示（颜色参考数值为 CMYK (7, 5, 5, 0)），然后单击"确定"按钮，此时白色奶油也有了逼真的肌理效果，如图 3-97 所示。

(19) 下面制作文字的阴影效果。方法：单击"阴影"图层前的 ◉ （指示图层可见性）图标，显现出图像，然后在该图层名称上单击鼠标右键，从弹出的快捷菜单中选择"栅格化文字"命令，使文字转换为普通图像。接着执行菜单中的"滤镜"｜"模糊"｜"动感模糊"命令，从弹出的"动感模糊"对

图3-96 设置"颜色叠加"参数

话框中设置参数，如图 3-98 所示，单击"确定"按钮。最后在"图层"面板中将"阴影"图层的混合模式设置为"正片叠底"，不透明度为"50%"，如图 3-99 所示，再利用 ▶⊕（移动工具）将图像稍稍向右下角慢慢移动一下，此时就会产生真实的投影效果，如图 3-100 所示。

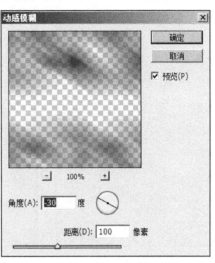

图3-97 添加图层样式后呈现的奶油效果　　　　图3-98 设置"动感模糊"参数

图3-99 调整"阴影"图层的混合模式和不透明度　　　图3-100 文字的投影效果

　　（20）至此，巧克力文字的效果就制作出来了，下面在文字周围再制作一些随意的奶油点的效果。方法：首先在"图层"面板顶部新建一个"散布奶油"图层，如图 3-101 所示。然后选择（画笔工具），在"画笔"面板中参照图 3-102 设置画笔参数，接着在画布上随意拖动鼠标，形成散布的小白圆点，效果如图 3-103 所示。最后将"奶油"图层的图层样式复制粘贴到"散布奶油"图层上，最终在画面上形成了如图 3-104 所示的散布奶油的效果。

图3-101 新建"散布奶油"图层

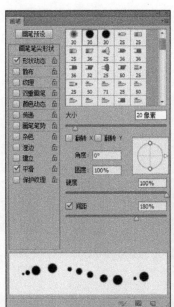

图3-102 设置画笔参数

图3-103 绘制散布的白色圆点

图3-104 添加图层样式后形成散布奶油的效果

（21）最后，可以再为文字添加一个蝴蝶结（该文件为"素材及结果 \3.4.3 制作巧克力文字 \ 蝴蝶结 .jpg"），从而增加文字的生动性和趣味性，画面最终效果如图 3-105 所示。

图3-105 巧克力文字制作最终画面效果

3.5 课 后 练 习

1. 填空题

（1）在 Photoshop CS6 中输入的文字可分为两类，一类称为点文字，另一类称为_____。

（2）_____是指段落文字与文字边框之间的距离，或者是段落首行（第一行）缩进的文字距离。_____是指当前段落与上一段落或下一段落之间的距离。

2. 选择题

（1）在 Photoshop CS6 中的段落对齐方式有：左对齐、居中、右对齐和最后一行左对齐等，▤ 按钮代表的是（　　）。

A．左对齐　　　　　　B．右对齐　　　　　　C．居中对齐　　　　　　D．全部对齐

（2）下面选项中哪个不属于调整字符里面的功能选项？（　　）

A．设置字体　　　　B．字形　　　　　　C．蒙版　　　　　　D．颜色

（3）要将文字图层转换为选取范围，可以在按住（　　）键的同时单击"图层"面板中的文字图层。

A．Ctrl　　　　　　B．Alt　　　　　　C．Shift　　　　　　D．Tab

3. 问答题 / 上机题

（1）点文字和段落文字各有什么特点？区别是什么？

（2）如何将文字图层转化为选取范围、路径和形状？

（3）练习 1：制作图 3-106 所示的玻璃字效果。

（4）练习 2：制作图 3-107 所示的镂空字效果。

图3-106　练习1效果

图3-107　练习2效果

第4章

图 层

图层是 Photoshop CS6 的一大特色。使用图层可以很方便地修改图像，简化图像编辑操作，还可以创建各种图层特效，从而制作出各种特殊效果。通过本章学习应掌握以下内容：

- 图层的概述
- 图层类型
- 图层的操作
- 图层蒙版
- 图层样式
- 混合图层

4.1 图层的概述

"图层"是由英文单词"Layer"翻译而来，"Layer"的原意就是"层"的意思。在 Photoshop CS6 中，可以将图像的不同部分分层存放，并由所有的图层组合成复合图像。

对于一幅包含多图层的图像，可以将其形象地理解为是叠放在一起的胶片。假设有三张胶片，胶片上的图案分别为森林、豹子、羚羊。现在将森林胶片放在最下面，此时看到的是一片森林，然后将豹子胶片叠放在上面之后，看到的是豹子在森林中奔跑，接着将羚羊胶片叠放上去，看到的是豹子正在森林中追赶羚羊。

多图层图像的最大优点是可以对某个图层作单独处理，而不会影响到图像中的其他图层。假定要移动图 4-1 中的小鸟，如果这幅图中只有一个图层，小鸟移动后，原来的位置会变为透明，如图 4-2 所示；如果小鸟与背景分别在两个图层上，就可以随意将小鸟移动到任何位置，原位置处的背景会显示出来，如图 4-3 所示。

图 4-1　原图

图 4-2　单图层移动后效果

图 4-3　多图层移动后效果

4.2 "图层"面板和菜单

"图层"面板是进行图层编辑操作时必不可少的工具，它显示了当前图像的图层信息，从中可以调节图层叠放顺序、图层不透明度以及图层混合模式等参数。几乎所有图层操作都可通过它来实现。而对于常用的控制，比如拼合图像、合并可见图层等，可以通过图层菜单来实现，这样可以大大提高工作效率。

4.2.1 "图层"面板

执行菜单中的"窗口"|"图层"命令，调出""图层"面板，如图4-4所示。可以看出各个图层在面板中依次自下而上排列，最先建的图层在最底层，最后建的图层在最上层，最上层图像不会被任何层所遮盖，而最底层的图像将被其上面的图层所遮盖。

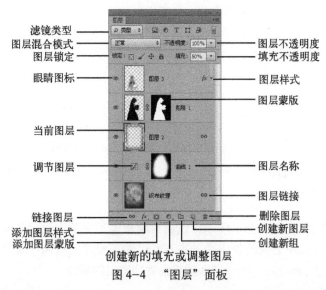

图4-4 "图层"面板

(1) 滤镜类型：该功能是Photoshop CS6新增的功能，用于快速选择图层。在下拉列表中有"类型"、"名称"、"效果"、"模式"、"属性"和"颜色"6种选取滤镜类型供用户选择。用户可以在包含多个图层的图像文件中根据需要快速查找所需图层，从而提高工作效率。

(2) 图层混合模式：用于设置图层间的混合模式。

(3) 图层锁定：用于控制当前图层的锁定状态，具体参见"4.4.4 图层的锁定"。

(4) 眼睛图标：用于显示或隐藏图层，当不显示眼睛图标时，表示这一层中的图像被隐藏，反之表示显示这个图层中的图像。

(5) 当前图层：在面板中以蓝色显示的图层。一幅图像只有一个当前图层，绝大部分编辑命令只对当前图层起作用。

(6) 调节图层：用于控制该层下面所有图层的相应参数，而执行菜单中的"图像"|"调整"下的相应命令只能控制当前图层的参数，并且调节图层具有可以随时调整参数的优点。

(7) 图层不透明度：用于设置图层的总体不透明度。当切换到当前图层时，不透明度显示也会随之切换为当前所选图层的设置值。图4-5为不同不透明度数值的效果比较。

（8）填充不透明度：用于设置图层内容的不透明度。图 4-6 为不同填充不透明度数值的效果比较。

（9）图层样式：表示该层应用了图层样式。

（10）图层蒙版：用于控制其左侧图像的显现和隐藏。

（11）图层链接：此时对当前层进行移动、旋转和变换等操作将会直接影响到其他链接层。

（12）图层名称：每个图层都可以定义不同的名称便于区分，如果在建立图层时没有设定图层名称，Photoshop CS6 会自动一次命名为"图层 1"、"图层 2"等。

（13）链接图层：选择要链接的图层后，单击此按钮可以将它们链接到一起。

（14）添加图层样式：单击此按钮可以为当前层添加图层样式。

（15）添加图层蒙版：单击此按钮可以为当前层创建一个图层蒙版。

（16）创建新的填充或调整图层：单击此按钮可以从弹出的快捷菜单中选择相应的命令，来创建填充或调节图层。

（17）创建新组：单击该按钮可以创建一个新组。

（18）创建新图层：单击该按钮可以创建一个新图层。

（19）删除图层：单击此按钮可以将当前选取的图层删除。

图层不透明度100% 　　　图层不透明度50% 　　　填充不透明度100% 　　　填充不透明度0%

图 4-5　不同不透明度数值的效果比较　　　图 4-6　不同填充不透明度数值的效果比较

4.2.2　"图层"菜单

"图层"菜单的外观如图 4-7 所示，该菜单中包含了有关图层的所有操作。也可以使用图 4-8 所示的图层面板左上角的弹出菜单进行相关图层操作。这两个菜单侧重略有不同，前者偏向控制层与层之间的关系，而后者则侧重设置特定层的属性。

图 4-7　"图层"菜单　　　　　　图 4-8　"图层"面板弹出菜单

除了可以使用"图层"菜单和"图层"面板菜单之外，还可以使用快捷菜单完成图层操作。当右键单击"图层"面板中的不同图层或不同位置时，会发现能够打开许多个含有不同命令的快捷菜单，如图 4-9 所示。利用这些快捷菜单，可以快速、准确地完成图层操作。这些操作的功能和前面所述的"图层"菜单和"图层"面板菜单的功能是一致的。

在蒙版处单击右键

在图层名称处单击右键

右键单击图层样式图标

图 4-9　不同命令的快捷菜单

4.3　图 层 类 型

Photoshop CS6 中有多种类型的图层，例如文本图层、调节图层、形状图层等。不同类型的图层，有着不同的特点和功能，而且操作和使用方法也不尽相同。下面就来具体讲解一下这些图层类型。

4.3.1　普通图层

普通图层是指用一般方法建立的图层，它是一种最常用的图层，几乎所有的 Photoshop CS6 的功能都可以在这种图层上得到应用。普通图层可以通过图层混合模式实现与其他图层的融合。

建立普通图层的方法很多，下面就来介绍一下常见的两种方法。

方法一：在"图层"面板中单击 ▦（创建新图层）按钮，从而建立一个普通图层，如图 4-10 所示。

图 4-10　建立一个普通图层

方法二：执行菜单中的"图层"|"新建"|"图层"命令或单击"图层"面板右上角的三角按钮，从弹出的快捷菜单中选择"新建图层"命令，此时会弹出图 4-11 所示的"新建图层"对话框。在该对话框中可以对图层的名称、颜色、模式等参数进行设置，单击"确定"按钮，即可新建一个普通图层。

图 4-11 "新建图层"对话框

4.3.2 背景图层

背景图层是一种不透明的图层，用于图像的背景。在该层上不能应用任何类型的混合模式。下面打开配套光盘"素材及结果＼普通图层 .jpg"文件，会发现在背景图层右侧有一个 图标，表示当前图层是锁定的，如图 4-12 所示。

背景图层具有以下特点：

（1）背景图层位于"图层"面板的最底层，名称以斜体字"背景"命名。

（2）背景层默认为锁定状态。

（3）背景图层不能进行图层不透明度、图层混合模式和图层填充颜色的控制。

如果要更改背景图层的不透明度和图层混合模式，应先将其转换为普通图层，将背景图层转换为普通图层的具体操作步骤如下：

（1）双击背景层，或选择背景层执行菜单中的"图层"|"新建"|"背景图层"命令。

（2）在弹出的图 4-11 所示的"新建图层"对话框中，设置图层名称、颜色、不透明度、模式后，单击"确定"按钮，即可将其转换为普通图层，如图 4-13 所示。

图 4-12 背景层为锁定状态

图 4-13 将背景层转换为普通图层

4.3.3 调整图层

调整图层是一种比较特殊的图层。这种类型的图层主要用来控制色调和色彩的调整。也就是说，Photoshop CS6 会将色调和色彩的设置（比如色阶、曲线）转换为一个调整图层单独存放到文件中，使得可以修改其设置，但不会永久性地改变原始图像，从而保留了图像修改的弹性。

建立调整图层的具体操作步骤如下：

（1）打开配套光盘"素材及结果＼调整图层 .jpg"文件，如图 4-14 所示。然后执行菜单中的"图层"|"新建调整图层"命令，打开子菜单，如图 4-15 所示。

（2）从中选择相应的色调或色彩调整命令（此时选择"曲线"），然后在弹出的图 4-16 所示的对话框中单击"确定"按钮，将弹出图 4-17 所示的"属性"面板。

（3）在弹出的"属性"面板中设置参数，如图 4-18 所示，结果如图 4-19 所示。其中"曲线 1"为调整图层。

图 4-14 原图

图 4-15 "新调整图层"子菜单

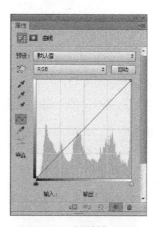

图 4-17 "属性"面板

图 4-16 "新建图层"对话框

提示

　　调整图层对其下方的所有图层都起作用，而对其上方的图层不起作用。如果不想对调整图层下方的所有图层起作用，可以将调整图层与在其上方的图层编组。

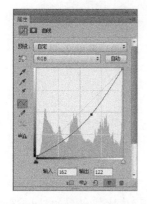

图 4-18 设置"曲线"参数

图 4-19 调整"曲线"后效果

4.3.4　文本图层

文本图层是使用 （横排文字工具）和 （直排文字工具）建立的图层。创建文本图层的具体操作步骤如下：

(1) 打开配套光盘"素材及结果＼文本图层 .jpg"文件，利用工具箱上的 （横排文字工具）输入文字"大乳山海滨公园"，此时自动产生一个文本图层，如图 4-20 所示。

图 4-20　输入文字后效果

(2) 如果要将文本图层转换为普通图层，执行菜单中的"图层"|"栅格化"|"文字"命令即可，此时图层分布如图 4-21 所示。

(3) 执行菜单中的"编辑"|"变换"|"透视"命令，对栅格化的图层进行处理，结果如图 4-22 所示。

提示

在文字图层只能进行"变换"命令中的"缩放"、"旋转"、"斜切"、"变形"操作，而不能进行"扭曲"和"透视"操作，只有将其栅格化之后才能执行这两个操作。

图 4-21　栅格化文字

图 4-22　对文字进行透视处理

4.3.5　填充图层

填充图层可以在当前图层中进行"纯色"、"渐变"和"图案"3 种类型的填充，并结合图层蒙版的功能产生一种遮罩效果。

建立填充图层的具体操作步骤如下：

(1) 新建一个文件，然后新建一个图层。

(2) 选择工具箱上的 （横排文字蒙版工具），在新建图层上输入"Adobe"，结果如图 4-23 所示。

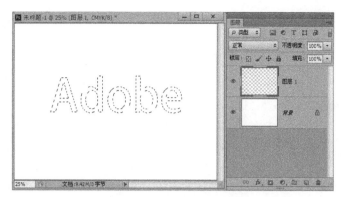

图 4-23 创建文字蒙版区域

（3）单击"图层"面板下方的 ◎（创建新的填充或调整图层）按钮，从弹出的快捷菜单中选择"纯色"命令，然后在弹出的"拾色器"对话框中选择一种颜色，单击"确定"按钮，结果如图 4-24 所示。

图 4-24 创建纯色填充图层

（4）回到第 1 步，单击"图层"面板下方的 ◎（创建新的填充或调整图层）按钮，从弹出的快捷菜单中选择"渐变色"命令，然后在弹出的"渐变填充"对话框中选择一种渐变色，如图 4-25 所示，单击"确定"按钮，结果如图 4-26 所示。

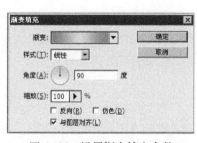

图 4-25 设置渐变填充参数

图 4-26 创建渐变填充图层

（5）回到第 1 步，单击"图层"面板下方的 ◎（创建新的填充或调整图层）按钮，从弹出的快捷菜单中选择"图案"命令，然后在弹出的"图案填充"对话框中选择一种渐变色，如图 4-27 所示，单击"确定"按钮，结果如图 4-28 所示。

图 4-27　设置图案填充参数　　　　　　图 4-28　创建图案填充图层

4.3.6　矢量形状图层

当使用工具箱中的 ■（矩形工具）、■（圆角矩形工具）、●（椭圆工具）、●（多边形工具）、◢（直线工具）、●（自定形状工具）6 种形状工具在图像中绘制图形时，就会在"图层"面板中自动产生一个形状图层。

形状图层如图 4-29 所示，在图层右下角有一个形状标记。用户可以像使用 Illustrator 一样，直接绘制图形，然后编辑颜色描边和渐变，而不是借助于图层样式。

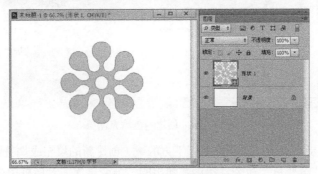

图 4-29　形状图层

4.4　图层的操作

一般而言，一个好的平面作品需要经过许多操作步骤才能完成，特别是图层的相关操作尤其重要。这是因为一个综合性的设计往往是由多个图层组成，并且用户需要对这些图层进行多次编辑（比如调整图层的叠放次序、图层的链接与合并等）后，才能得到好的效果。

4.4.1　创建和使用图层组

Photoshop CS6 允许在一幅图像中创建将近 8000 个图层，实际上在一个图像中创建了数十个或上百个图层之后，对图层的管理就变得很困难了。此时可以利用"图层组"来进行图层管理，图层组就好比 Windows 中的文件夹一样，可以将多个图层放在一个图层组中。

创建和使用图层组的具体操作步骤如下：

（1）打开配套光盘"素材及结果＼西红柿 .psd"文件，如图 4-30 所示。

（2）执行菜单中的"图层"|"新建"|"新建组"命令，弹出图4-31所示的对话框。

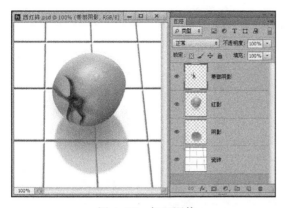

图4-30 打开图片

图4-31 "新建组"对话框

● 名称：设置图层组的名称。如果不设置，将以默认的名称"序列1"、"序列2"进行命名。

● 颜色：此处用于设置图层组的颜色，与图层颜色相同，只用于表示该图层组，不影响组中的图像。

● 模式：设置当前图层组内所有图层与该图层组下方图层的混合模式。

（3）单击"确定"按钮，即可新建一个图层组，如图4-32所示。

（4）将"蒂部阴影"、"红影"和"阴影"拖入组内，结果如图4-33所示。

图4-32 新建组

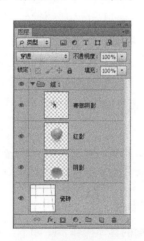

图4-33 将图层拖入图层组

（5）如果要删除图层组，可以右键单击图层组，从弹出的快捷菜单中选择"删除组"命令，弹出图4-34所示的对话框。

图4-34 "删除组"提示对话框

● 组和内容：单击该按钮，可以将该图层组和图层组中的所有图层删除。

● 仅限组：单击该按钮，可以删除图层组，但保留图层组中的图层。

（6）单击"仅限组"按钮，即可删除组而保留组中的图层。

4.4.2 移动、复制和删除图层

一个图层实际上就是整个图像中的一部分，在实际操作中经常需要移动、复制和删除图层，下面就来讲解一下移动、复制和删除图层的方法。

1. 移动图层

移动图层的具体操作步骤如下：

（1）选择需要移动的图层中的图像。

（2）利用工具箱上的 ⊕ （移动工具）将其移动到适当位置。

💡 **提示**
> 在移动工具选项栏中选中"自动选择层"复选框，可直接选中层的图像。在移动时按住〈Shift〉键，可以使图层中的图像按45°的倍数方向移动。

2. 复制图层

复制图层的具体操作步骤如下：

（1）选择要复制的图层。

（2）执行菜单中的"图层"|"复制图层"命令，弹出图4-35所示的对话框。

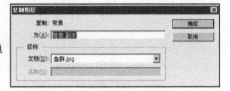

图 4-35 "复制图层"对话框

- 为：用于设置复制后图层的名称。
- 目标：为复制后的图层指定一个目标文件。在"文档"下拉列表框中会列出当前已打开的所有图像文件，从中可以选择一个文件以便放置复制后的图层。如果选择"新建"选项，表示复制图层到一个新建的图像文件中。此时"名称"将被置亮，可以为新建图像指定一个文件名称。

（3）单击"确定"按钮，即可复制出一个图层。

💡 **提示**
> 将要复制的图层拖到"图层"面板下方的 ⬚ （创建新图层）按钮上，可以直接复制一个图层，而不会出现对话框。

3. 删除图层

删除图层的具体操作步骤如下：

（1）选中要删除的图层。

（2）将其拖到"图层"面板下方的 🗑 （删除图层）按钮上即可。

4.4.3 调整图层的叠放次序

图像一般由多个图层组成，而图层的叠放次序直接影响到图像的显示效果，上方的图层总是会遮盖其底层的图像。因此，在编辑图像时，可以调整图层之间的叠放次序，来实现最终的效果。具体操作步骤如下：

（1）将光标移动到"图层"面板需要调整次序的图层上（此时为"形状2"），如图4-36所示。

（2）按下鼠标将图层拖动到"图层"面板的适当的位置上即可，结果如图4-37所示。

图4-36　选择要调整次序的图层

图4-37　调整图层顺序后效果

4.4.4　图层的锁定

Photoshop CS6提供了锁定图层的功能，它包括▦（锁定透明像素）、✎（锁定图像像素）、✛（锁定位置）和🔒（锁定全部）4种锁定类型。

（1）▦（锁定透明像素）：单击该按钮，可以锁定图层中的透明部分，此时只能对有像素的部分进行编辑。

（2）✎（锁定图像像素）：单击该按钮，此时无论是透明部分还是图像部分，都不允许再进行编辑。

（3）✛（锁定位置）：单击该按钮，此时当前图层将不能进行移动操作。

（4）🔒（锁定全部）：单击该按钮，将完全锁定该图层。任何绘图操作、编辑操作（包括"删除图层"、"图层混合模式"、"不透明度"等功能）均不能在这个图层上使用，只能在"图层"面板中调整该"图层"的叠放次序。

4.4.5　图层的链接与合并

在实际操作中经常要用到图层的链接与合并的功能，下面就来具体讲解一下图层的链接与合并的方法。

1．图层的链接

图层的链接功能可以方便地移动多个图层图像，同时对多个图层中的图像进行旋转、翻转和自由变形，以及对不相邻的图层进行合并。

图层链接的具体操作步骤如下：

（1）同时选中要链接的多个图层。

（2）单击"图层"面板下方的 （链接图层）按钮即可。此时被链接的图层右侧会出现一个 链接 标记。

（3）如果要解除链接，可以选择要解除链接的图层，再次单击"图层"面板下方的 链接（链接图层）按钮即可。

2．图层的合并

在制作图像的过程中，如果对几个图层的相对位置和显示关系已经确定下来，不再需要进行修改时，可以将这几个图层合并。这样不但可以节约空间，提高程序的运行速度，还可以整体的修改这几个合并后的图层。

Photoshop CS6 提供了"向下合并"、"合并可见图层"和"拼合图层"三种图层合并的命令。单击"图层"面板右上角的小三角按钮，从弹出的快捷菜单中可以看到这 3 个命令，如图 4-38 所示。

（1）向下合并：将当前图层与其下一图层图像合并，其他图层保持不变。合并图层时，需要将当前图层下的图层设为可视状态。

（2）合并可见图层：将图像中的所有显示的图层合并，而隐藏的图层则保持不变。

（3）拼合图层：将图像中所有图层合并，并在合并过程中如果存在隐藏的图层。会出现图 4-39 所示的对话框，单击"确定"按钮，将删除隐藏图层。

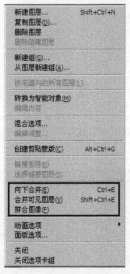

图 4-38　合并图层相关命令　　　　图 4-39　含有隐藏图层的情况下合并图层出现的对话框

4.4.6　对齐和分布图层

Photoshop CS6 提供了对齐和分布图层的相关命令，下面就来具体讲解一下对齐和分布图层的方法。

1. 对齐图层

对齐图层命令可将各图层沿直线对齐，使用时必须有两个以上的图层，对齐图层的具体操作步骤如下：

(1) 打开"素材及结果\对齐图层.psd"文件，并在每个图层上放置不同的图形，如图4-40所示。

(2) 按住〈Ctrl〉键，同时选中"图层1"、"图层2"和"图层3"。然后执行菜单中的"图层"|"对齐"命令，在其子菜单中会显示所有对齐命令，如图4-41所示。

图 4-40 在不同图层上放置不同的图形

图 4-41 对齐子菜单

- 顶边：使选中图层与最顶端的图形对齐。
- 垂直居中：使选中图层垂直方向居中对齐。
- 底边：使选中图层与最底端的图形对齐。
- 左边：使选中图层最左端的图形对齐。
- 水平居中：使选中图层水平方向居中对齐。
- 右边：使选中图层最右端的图形对齐。

(3) 分别选择 (底边) 和 (左边) 对齐方式，结果如图4-42所示。

底边对齐

左边对齐

图 4-42 不同对齐方式的效果

2. 分布图层

分布图层是根据不同图层上图形间的间距来进行图层分布，具体操作步骤如下：

(1) 打开"素材及结果\分布图层.psd"文件，如图4-43所示。

(2) 按住〈Ctrl〉键，同时选中"图层1"、"图层2"和"图层3"。然后执行菜单中的"图层"|"分布"命令，在其子菜单中会显示所有分布命令，如图4-44所示。

图 4-43 同时选中多个图层

图 4-44 "分布"子菜单

- 顶边：使选中图层顶端间距相同。
- 垂直居中：使选中图层垂直中心线间距相同。
- 底边：使选中图层底端间距相同。
- 左边：使选中图层最左端的间距相同。
- 水平居中：使选中图层水平中心线间距相同。
- 右边：使选中图层最右端的间距相同。

（3）单击 （垂直居中）按钮，效果如图 4-45 所示。再单击 （水平居中）按钮，效果如图 4-46 所示。

图 4-45 垂直居中效果

图 4-46 水平居中效果

4.5 图层蒙版

图层蒙版用于控制当前图层的显示或者隐藏。通过更改蒙版，可以将许多特殊效果运用到图层中，而不会影响原图像上的像素。图层上的蒙版相当于一个 8 位灰阶的 Alpha 通道。在蒙版中，黑色部分表示隐藏当前图层的图像，白色部分表示显示当前图层的图像，灰色部分表示渐隐渐显当前图层的图像。

4.5.1 建立图层蒙版

建立图层蒙版的具体操作步骤如下：

（1）打开"素材及结果＼图层蒙版 1.jpg"和"图层蒙版 2.jpg"文件，如图 4-47 所示。

（2）利用工具箱中的 （移动工具）将"图层蒙版 1.jpg"拖入"图层蒙版 2.jpg"中，结果如图 4-48 所示。

图层蒙版1.jpg　　　　　　　　　　　　　　图层蒙版2.jpg

图 4-47　打开图片

图 4-48　将"图层蒙版 1.jpg"拖入"图层蒙版 2.jpg"中

（3）单击"图层"面板下方的 ▣ （添加图层蒙版）按钮，给"图层 1"添加一个图层蒙版，如图 4-49 所示。此时蒙版为白色，表示全部显示当前图层的图像。

（4）利用工具箱上的 ▣ （渐变工具），渐变类型选择 ▣ （线性渐变），然后对蒙版进行黑 -白渐变处理，结果如图 4-50 所示。此时蒙版左侧为黑色，右侧为白色。相对应的"图层 1"的左侧会隐藏当前图层的图像，从而显示出背景中的图像；而右侧依然会显现当前图层的图像，而灰色部分会渐隐渐显当前图层的图像。

图 4-49　给"图层 1"添加蒙版

图 4-50　对蒙版进行黑 - 白渐变处理

4.5.2　删除图层蒙版

删除图层蒙版的具体操作步骤如下：

（1）选择要删除的蒙版，将其拖到"图层"面板下方的 ▦ 按钮上。

（2）此时会弹出图 4-51 所示的对话框。如果单击"应用"按钮，蒙版被删除，而蒙版后的效果被保留在图层中，如图 4-52 所示；如果单击"删除"按钮，蒙版被删除的同时蒙版效果也随之被删除，如图 4-53 所示。

图 4-51　删除蒙版时出现的对话框

图 4-52　单击"应用"按钮后删除蒙版

图 4-53　单击"删除"按钮后删除蒙版

4.6　图　层　样　式

图层样式是指图层中的一些特殊的修饰效果。Photoshop CS6 提供了"阴影"、"内发光"、"外发光"、"斜面与浮雕"等样式。通过这些样式能为作品增色不少。下面就来具体讲解一下这些样式的设置和使用方法。

4.6.1　设置图层样式

设置图层样式的具体操作步骤如下：

（1）选中要应用样式的图层。

（2）执行菜单中的"图层"|"图层样式"命令，如图 4-54 所示，在子菜单中选择一种样式命令，或单击"图层"面板下方的 fx（添加图层样式）按钮，如图 4-55 所示，在弹出的菜单中选择一种样式。

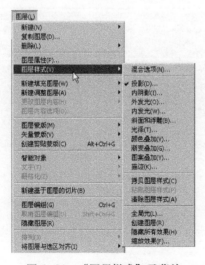

图 4-54　"图层样式"子菜单

图 4-55　单击 fx 按钮后弹出的菜单

（3）此时选择"投影"，会弹出图4-56所示的对话框，在此对话框中设置相应参数后，单击"确定"按钮即可，此时"图层"面板会显示出相应效果，如图4-57所示。

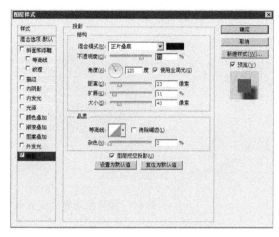

图4-56 "投影"对话框

图4-57 在图层面板中显示"投影"效果

4.6.2 图层样式的种类

Photoshop CS6 提供了10种图层样式，下面就来具体讲解一下它们的用途。

1. 投影

"投影"样式对于平面处理来说使用非常频繁。无论是文字、按钮、边框，还是一个物体，如果添加一个投影效果，就会产生层次感，为图像增色不少。

"投影"对话框如图4-56所示，各项参数意义如下：

（1）混合模式：选定投影的图层混合模式，在其右侧有一个颜色框，用于设置投影颜色。

（2）不透明度：设置阴影的不透明度，值越大阴影颜色越深。

（3）角度：用于设置光线照明角度，阴影方向会随光照角度的变化而发生变化。

（4）使用全局光：为同一图像中的所有图层样式设置相同的光线照明角度。

（5）距离：设置阴影的距离，变化范围为 0 ~ 30 000，值越大，距离越远。

（6）扩展：设置光线的强度，变化范围为 0% ~ 100%，值越大，投影效果越强烈。

（7）大小：设置投影柔化程度，变化范围为 0 ~ 250，值越大，柔化程度越大。当为 0 时，该选项将不产生任何效果。

（8）等高线：单击"等高线"右侧下拉按钮，会弹出图4-58所示的面板，从中可以选择一种等高线。如果要编辑等高线，可以单击等高线图案，在弹出的图4-59所示的"等高线编辑器"对话框中对其进行再次编辑。图 4-60 为使用等高线制作的投影效果。

（9）杂色：用于控制投影中的杂质多少。

（10）图层挖空投影：控制投影在半透明图层中的可视性或闭合。

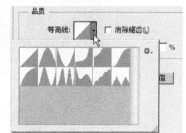

图4-58 弹出等高线面板

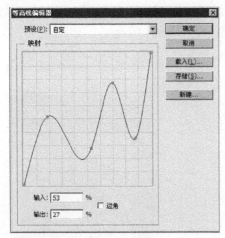

图 4-59　"等高线编辑器"对话框　　　　　　图 4-60　编辑投影等高线效果

2. 内阴影

　　"内阴影"样式用于为图层添加位于图层内容边缘内的阴影，从而使图层产生凹陷的外观效果。"内阴影"对话框如图 4-61 所示，其参数设置与"投影"基本相同，图 4-62 为添加内阴影效果的前后比较图。

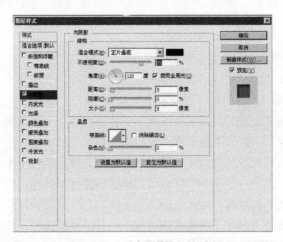

图 4-61　"内阴影"对话框

添加内阴影前　　　　　　　　　　　　　添加内阴影后

图 4-62　添加内阴影效果的前后比较

3．外发光

"外发光"样式用于在图层内容的边缘以外添加发光效果。"外发光"对话框如图4-63所示。

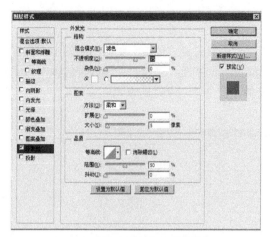

图 4-63 "外发光"对话框

各项参数意义如下：

（1）混合模式：选定外发光的图层混合模式。

（2）不透明度：设置外发光的不透明度，值越大阴影颜色越深。

（3）杂色：用于设置外发光效果的杂质多少。

（4）方法：用于选择"精确"或"柔化"的发光效果。

（5）扩展：设置外发光的强度，变化范围为 0% ～ 100%，值越大，扩展效果越强烈。

（6）大小：设置外发光的柔化程度，变化范围为 0 ～ 250，值越大，柔化程度越大。当为 0 时，该选项将不产生任何效果。

（7）等高线：用于设置外发光的多种等高线效果。

（8）消除锯齿：选中该复选框，可以消除所使用的等高线的锯齿，使之平滑。

（9）范围：用于调整发光中作为等高线目标的部分或范围。

（10）抖动：调整发光中的渐变应用。

图 4-64 所示为添加外发光效果的前后比较。

添加外发光前

添加外发光后

图 4-64 添加外发光效果的前后比较

4．内发光

"内发光"样式用于在图层内容的边缘以内添加发光效果。"内发光"对话框如图 4-65 所示，其参数设置与"外发光"基本相同，区别在于多了一个"源"选项，它的参数意义如下：

（1）源：用于指定内发光的发光位置。

（2）居中：选中"居中"单选按钮，可指定图层内容的中心位置发光。

（3）边缘：选中"边缘"单选按钮，可指定图层内容的内部边缘发光。

图 4-66 所示为内发光效果。

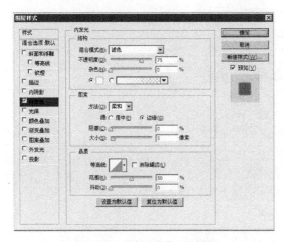

图 4-65　"内发光"对话框　　　　　　　图 4-66　内发光效果

5．斜面和浮雕

"斜面和浮雕"样式是指在图层的边缘添加一些高光和暗调带，从而在图层的边缘产生立体的斜面效果或浮雕效果。"斜面和浮雕"对话框如图 4-67 所示，各项参数意义如下：

（1）样式：包括"内斜面"、"外斜面"、"浮雕效果"、"枕状浮雕"和"描边浮雕"5 种浮雕效果。图 4-68 所示为不同浮雕效果的比较。

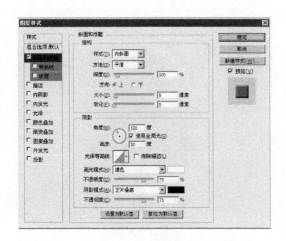

图 4-67　"斜面和浮雕"对话框　　　　　图 4-68　不同浮雕效果的比较

（2）方法：用于选择一种斜面表现方式。它包括"平滑"、"雕刻清晰"、"雕刻柔和"3种类型。

（3）深度：用于调整斜面或浮雕效果凸起或凹陷的幅度。

（4）方向：有"上"、"下"两个选项可供选择。

（5）大小：用于调整斜面的大小。

（6）软化：可以调整斜面的柔和度。

（7）角度：用于设置光线的照射角度。

（8）高度：用于设置光线的照射高度。

（9）光泽等高线：从中可以选择一种等高线作为阴影的样式。

（10）高光模式：用于选择斜面或浮雕效果中的高光部分的混合模式。

（11）阴影模式：用于选择斜面或浮雕效果中的阴影部分的混合模式。

6．光泽

"光泽"样式是指在图层内部根据图层的形状应用阴影来创建光滑的磨光效果。"光泽"对话框如图4-69所示，它的选项在前面基本上都已经介绍过，图4-70所示为添加光泽效果的前后比较。

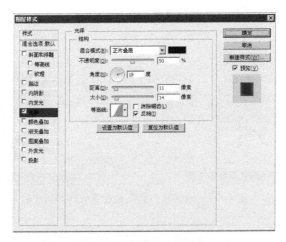

图4-69 "光泽"对话框

添加光泽前

添加光泽后

图4-70 添加光泽效果的前后比较

7．颜色叠加

"颜色叠加"样式是指在图层内容上叠加颜色。"颜色叠加"对话框如图4-71所示。

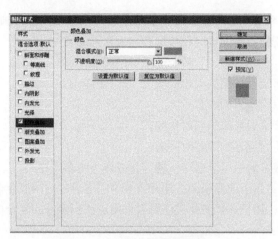

图 4-71　"颜色叠加"对话框

各项参数意义如下：

（1）混合模式：用于控制右侧颜色块中的颜色与原来颜色进行混合的方式。

（2）不透明度：用于控制右侧颜色块中的颜色与原来颜色进行混合时的不透明度。

图 4-72 所示为添加红色颜色叠加效果的前后比较。

添加红色颜色叠加效果前　　　　　　　　　添加红色颜色叠加效果后

图 4-72　添加红色颜色叠加效果的前后比较

8．渐变叠加

"渐变叠加"是指在图层内容上叠加渐变色。"渐变叠加"对话框如图 4-73 所示。

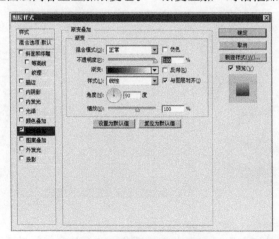

图 4-73　"渐变叠加"对话框

各项参数意义如下：

（1）混合模式：用于控制渐变色与原来颜色进行混合的方式。

（2）不透明度：用于控制渐变色与原来颜色进行混合的不透明度。

（3）渐变：用于设置渐变色。

（4）样式：有"线性"、"径向"、"角度"、"对称的"和"菱形"5种渐变样式可供选择。

（5）角度：用于调整渐变的角度。

（6）缩放：用于调整渐变范围的大小。

图4-74所示为添加渐变叠加效果的前后比较。

渐变叠加前　　　　　　　　　　　　　　　　渐变叠加后

图4-74 添加渐变叠加效果的前后比较

9．图案叠加

"图案叠加"样式是指在图层内容上叠加图案。"图案叠加"对话框如图4-75所示。

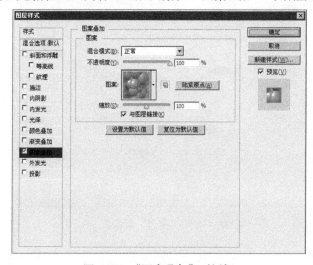

图4-75 "图案叠加"对话框

各项参数意义如下：

（1）混合模式：用于控制图案与原来颜色进行混合的方式。

（2）不透明度：用于控制图案与原来颜色进行混合的不透明度。

（3）图案：用于选择用于图案叠加的图案。

（4）缩放：用于调整图案的显示比例。

图4-76所示为添加图案叠加效果的前后比较。

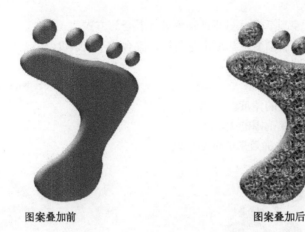

图案叠加前   图案叠加后

图 4-76　添加图案叠加效果的前后比较

10．描边

　　"描边"样式是指使用纯色、渐变色或图案在图层内容的边缘上描画轮廓，这种效果适合于处理一些边缘清晰的形状（如文字）。"描边"对话框如图 4-77 所示。

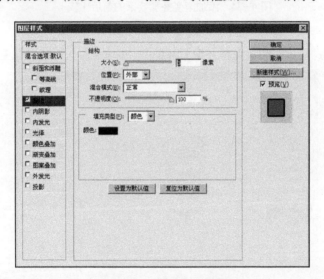

图 4-77　"描边"对话框

　　各项参数意义如下：
　　（1）大小：用于设置描边的宽度。
　　（2）位置：用于设置描边的位置，有"外部"、"内部"和"居中"3 种类型可供选择。
　　（3）混合模式：用于设置描边颜色与原来颜色进行混合的模式。
　　（4）不透明度：用于设置描边颜色与原来颜色进行混合的不透明度。
　　（5）填充类型：用于设置描边的类型，有"颜色"、"渐变"和"图案"3 种类型可供选择。
　　（6）颜色：用于设置描边的颜色。
　　图 4-78 所示为添加图案描边效果的前后比较。

描边前   描边后

图 4-78 添加描边效果的前后比较

4.6.3 使用样式面板

Photoshop CS6 提供了一个样式面板，该面板专门用于保存图层样式，以便下次调用，下面就来具体讲解一下该面板的使用方法。

1．应用和新建样式

应用和新建样式的具体操作步骤如下：

（1）新建一个文件，然后单击"图层"面板下方的 （创建新图层）按钮，从而新建一个图层。接着使用工具箱上的 （自定义图形工具），类型选择 像素 ，再选择一个图形后进行绘制，结果如图 4-79 所示。

（2）执行菜单中的"窗口"|"样式"命令，调出"样式"面板，如图 4-80 所示。

图 4-79 绘制图形

图 4-80 样式面板

（3）选中"图层 1"，在"样式"面板中单击某一种样式，即可将该样式施加到图形上，结果如图 4-81 所示。

图 4-81 将样式施加到圆形上

（4）对"图层1"中施加在图形上的样式进行修改，如图4-82所示。然后单击"样式"面板下方的 ▣ （创建新样式）按钮，弹出图4-83所示的对话框，单击"确定"按钮，即可将这种样式添加到"样式"面板中，如图4-84所示。

图4-82 修改样式　　　　　　　　　　　图4-83 "新建样式"对话框

2．管理样式

编辑了一个漂亮的图层样式后可以将其定义到"样式"面板中，以便下次继续使用，但是如果重新安装Photoshop CS6后，该样式就会被删除。为了在下次重新安装时可以载入这种样式，可以将样式保存为样式文件。

保存和载入样式文件的具体操作步骤如下：

（1）单击"样式"面板右上角的小三角按钮，从弹出的快捷菜单中选择"存储样式"命令。

（2）在弹出的图4-85所示的对话框中选择保存的位置后，将其保存为 .ASL 的格式。

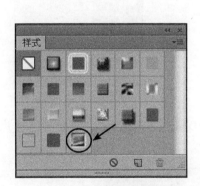

图4-84 新建的样式　　　　　　　　　　图4-85 "存储"对话框

（3）重新安装Photoshop CS6后，可以单击"样式"面板右上角的小三角按钮，从弹出的快捷菜单中选择"载入样式"命令，在弹出的"载入样式"对话框中选择上步保存的样式文件即可。

4.7 混 合 图 层

混合图层分为一般图层混合和高级图层混合两种模式，下面就来具体讲解一下。

4.7.1　一般图层混合模式

一般图层混合模式包括"图层不透明度"、"填充不透明度"和"混合模式"的功能，通过这三个功能可以制作出许多图像合成效果。其中"图层不透明度"用于设置图层的总体不透明度；"填充不透明度"用于设置图层内容的不透明度；"混合模式"是指当图像叠加时，上方图像的像素如何与下方图像的像素进行混合，以得到结果图像。

Photoshop CS6 提供了 27 种图层混合模式，如图 4-86 所示。下面就来具体讲解一下这些图层混合模式的用途。

1．正常模式

这是系统默认的状态，当图层不透明度为 100% 时，设置为该模式的图层将完全覆盖下层图像。图 4-87 所示为原图的图层分布和正常模式下画面显示。

图4-86　25种图层混合模式　　　　图4-87　正常模式下图层分布和画面显示

2．溶解模式

该模式是根据本层像素位置的不透明度，随机分布下层像素，产生一种两层图像互相融合的效果。该模式对经过羽化过的边缘作用非常显著，图 4-88 所示为溶解模式下的图层分布和画面显示。

图 4-88　溶解模式下的图层分布和画面显示

3. 变暗模式

变暗模式进行颜色混合时，会比较绘制的颜色与底色之间的亮度，较亮的像素被较暗的像素取代，而较暗的像素不变。图 4-89 所示为变暗模式下的图层分布和画面显示。

4. 变亮模式

变亮模式正好与变暗模式相反，它是选择底色或绘制颜色中较亮的像素作为结果颜色，较暗的像素被较亮的像素取代，而较亮的像素不变。图 4-90 所示为变亮模式下的画面显示。

图 4-89　变暗模式下的画面显示　　　　　图 4-90　变亮模式下的画面显示

5. 正片叠底模式

将两个颜色的像素相乘，然后再除以 255，得到的结果就是最终色的像素值。通常执行正片叠底模式后颜色比原来的两种颜色都深，任何颜色和黑色执行正片叠底模式得到的仍然是黑色，任何颜色和白色执行正片叠底模式后保持原来的颜色不变。简单地说，正片叠底模式就是突出黑色的像素。图 4-91 所示为正片叠底模式下的画面显示。

6. 滤色模式

滤色模式的作用结果和正片叠底正好相反，它是将两个颜色的互补色的像素值相乘，然后再除以 255 得到最终色的像素值。通常执行滤色模式后的颜色都较浅。任何颜色和黑色执行滤色模式，原颜色不受影响；任何颜色和白色执行滤色模式得到的是白色。而与其他颜色执行此模式都会产生漂白的效果。简单地说，滤色模式就是突出白色的像素。图 4-92 所示为滤色模式下的画面显示。

图 4-91　正片叠底模式下的画面显示　　　　图 4-92　滤色模式下的画面显示

7. 颜色加深

颜色加深模式察看每个通道的颜色信息，通过增加对比度使底色的颜色变暗来反映绘图色，和白色混合没有变化。图 4-93 所示为颜色加深模式下的画面显示。

8. 线性加深

线性加深模式察看每个通道的颜色信息，通过降低对比度使底色的颜色变暗来反映绘图色，和白色混合没有变化。图 4-94 所示为线性加深模式下的画面显示。

图 4-93 颜色加深模式下的画面显示　　　图 4-94 线性加深模式下的画面显示

9. 颜色减淡

使用颜色减淡模式时，首先查看每个通道的颜色信息，通过降低对比度，使底色的颜色变亮来反映绘图色，和黑色混合没有变化。图 4-95 所示为颜色减淡模式下的画面显示。

10. 线性减淡

使用线性减淡模式时，首先查看每个通道的颜色信息，通过增加亮度，使底色的颜色变亮来反映绘图色，和黑色混合没有变化。图 4-96 所示为线性减淡模式下的画面显示。

图 4-95 颜色减淡模式下的画面显示　　　图 4-96 线性减淡模式下的画面显示

11. 叠加模式

图像的颜色被叠加到底色上，但保留底色的高光和阴影部分。底色的颜色没有被取代，而是和图像颜色混合体现原图的亮部和暗部。图 4-97 所示为叠加模式下的画面显示。

12. 柔光模式

柔光模式根据图像的明暗程度来决定最终色是变亮还是变暗。当图像色比 50% 的灰要亮时，则底色图像变亮；如果图像色比 50% 的灰要暗，则底色图像就变暗。如果图像色是纯黑色或者纯白色，最终色将稍稍变暗或者变亮，如果底色是纯白色或者纯黑色，则没有任何效果。图 4-98 所示为柔光模式下的画面显示。

图 4-97　叠加模式下的画面显示

图 4-98　柔光模式下的画面显示

13. 强光模式

强光模式是根据图像色来决定执行叠加模式还是滤色模式。当图像色比 50% 的灰要亮时，则底色变亮，就像执行滤色模式一样，如果图像色比 50% 的灰要暗，则就像执行叠加模式一样，当图像色是纯白或者纯黑时得到的是纯白或者纯黑色。图 4-99 所示为强光模式下的画面显示。

14. 亮光模式

亮光模式是根据图像色，通过增加或者降低对比度，来加深或者减淡颜色。如果图像色比 50% 的灰要亮，图像通过降低对比度被照亮；如果图像色比 50% 的灰要暗，图像通过增加对比度变暗。图 4-100 所示为亮光模式下的画面显示。

图 4-99　强光模式下的画面显示

图 4-100　亮光模式下的画面显示

15. 线性光模式

线性光模式是根据图像色，通过增加或者降低亮度，来加深或者减淡颜色。如果图像色比 50% 的灰要亮，图像通过增加亮度被照亮；如果图像色比 50% 的灰要暗，图像通过降低亮度变暗。图 4-101 所示为线性光模式下的画面显示。

16. 点光模式

点光模式是根据图像色来替换颜色。如果图像色比 50% 的灰要亮，图像色被替换，比图像色亮的像素不变化；如果图像色比 50% 的灰要暗，比图像色亮的像素被替换，比图像色暗的像素不变化。图 4-102 所示为点光模式下的画面显示。

图 4-101　线性光模式下的画面显示

图 4-102　点光模式下的画面显示

17．实色混合

实色混合模式通常情况下，两个图层混合结果是：亮色更加亮了，暗色更加暗了。图 4-103 所示为实色混合模式下的画面显示。

18．差值模式

差值模式通过查看每个通道中的颜色信息，比较图像色和底色，用较亮的像素点的像素值减去较暗的像素点的像素值，差值作为最终色的像素值。与白色混合将使底色反相，与黑色混合则不产生变化。图 4-104 所示为差值模式下的画面显示。

图 4-103　实色混合模式下的画面显示

图 4-104　差值模式下的画面显示

19．排除模式

排除模式与差值模式类似，但是比差值模式生成的颜色对比度小，因而颜色较柔和。与白色混合将使底色反相，与黑色混合则不产生变化。图 4-105 所示为排除模式下的画面显示。

20．减去

减去模式减去上面图层颜色的同时，也减去了上面图层的亮度。越亮减得越多，越暗减得越少，黑色等于全不减。图 4-106 所示为减去模式下的画面显示。

图 4-105　排除模式下的画面显示

图 4-106　减去模式下的画面显示

21．划分

选择划分模式，则下面的可见图层根据上面这个图层颜色的纯度，相应减去同等纯度的该颜色，同时上面颜色的明暗度不同，被减去区域图像明度也不同，上面图层颜色越亮，图像亮度变化就会越小，上面图层越暗，被减区域图像就会越亮。也就是说，如果上面图层是白色，那么也不会减去颜色也不会提高明度，如果上面图层是黑色，那么所有不纯的颜色都会被减去，只留着最纯的光的三原色及其混合色，青品黄与白色。图 4-107 所示为划分模式下的画面显示。

22．色相模式

色相模式采用底色的亮度、饱和度以及图像色的色相来创建最终色。图 4-108 为色相模式下的画面显示。

图 4-107　划分模式下的画面显示　　　　　图 4-108　色相模式下的画面显示

23．饱和度模式

饱和度模式采用底色的亮度、色相以及图像色的饱和度来创建最终色。如果绘图色的饱和度为 0，原图就没有变化。图 4-109 所示为饱和度模式下的画面显示。

24．颜色模式

这种模式能保留原有图像的灰度细节。这种模式能用来对黑白或者是不饱和的图像上色。图 4-110 所示为颜色模式下的画面显示。

图 4-109　饱和度模式下的画面显示　　　　　图 4-110　颜色模式下的画面显示

25．明度模式

与颜色模式正好相反，明度模式采用底色的色相和饱和度，以及绘图色的亮度来创建最终色。图 4-111 为明度模式下的画面显示。

26．深色模式

利用该模式可以对一幅图片的局部而不是整幅图片进行变暗处理。图4-112所示为深色模式下的画面显示。

图4-111　明度模式下的画面显示　　　图4-112　深色模式下的画面显示

27．浅色模式

利用该模式可以对一幅图片的局部而不是整幅图片进行变亮处理。图4-113所示为浅色模式下的画面显示。

图4-113　浅色模式下的画面显示

4.7.2 高级图层混合模式

除了一般图层混合模式之外，Photoshop CS6还提供了一种高级混合图层的方法，即使用"混合选项"功能进行混合，具体操作步骤如下：

（1）在"图层"面板中选择要设置"混合选项"的图层，然后执行菜单中的"图层"|"图层样式"|"混合选项"命令，此时会弹出图4-114所示的"混合选项"对话框。

（2）在"常规混合"选项组中提供了一般图层混合的方式，可以设置混合模式和不透明度，这两项功能和"图层"面板中的图层混合模式和不透明度调整功能相同。

（3）在"高级混合"选项组中提供了高级混合选项。

● 填充不透明度：用于设置不透明度。其填充的内容由"通道"选项中的R、G、B复选框来控制。例如：如果取消勾选R、G复选框，那么在图像中就只显示蓝通道的内容，而隐藏红和绿通道的内容。

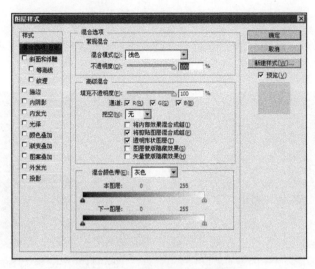

图 4-114 "混合选项"对话框

- 挖空：用于指定哪一个图层被穿透，从而显示出下一层的内容。如果使用了图层组，则可以挖空图层组中最底层的图层，或者挖空背景图层中的内容，以及挖空调整图层使之显示出原图像的颜色。在其下拉列表框中选择"无"选项，表示不挖空任何图层；选择"浅"选项，表示挖空当前图层组最底层或剪贴组图层的最底层；选择"深"选项，表示挖空背景图层。
- 将内部效果混合成组：选中此复选框，可挖空在同一组中拥有内部图层样式的图层，如内阴影和外发光样式。
- 将剪切图层混合成组：选中此复选框，可挖空在同一剪贴组图层中的每一个对象。
- 透明形状图层：选中此复选框，将禁用图层样式和不透明区域的挖空；如果不选中此复选框，将可以对图层应用这些效果。
- 图层蒙版隐藏效果：选中此复选框，将在图层蒙版中所定义的区域中禁用图层样式。
- 矢量蒙版隐藏效果：选中此复选框，将在形状图层所定义的区域中禁用图层样式。
- 混合颜色带：在此下拉列表框中用于指定混合效果将对哪一个通道起作用。如果选择"灰色"选项，表示作用于所有通道；如果选择其他选项，表示作用于图像中选择的某一原色通道。

4.8 实 例 讲 解

本节将通过"花纹鱼效果"、"变天效果"、"带阴影的图片合成效果"、"模拟玻璃杯的透明效果"和"名片效果"5 个实例来讲解图层在实践中的应用。

4.8.1 花纹鱼效果

要点：

本例将对一幅灰色鱼图片进行上色处理，如图 4-115 所示。通过本例学习应掌握图层模式的应用。

原图

结果图

图 4-115 花纹鱼

操作步骤：

(1) 打开配套光盘"素材及结果 \4.8.1 花纹鱼 \ 原图 .psd"文件，如图 4-115 左图所示，此时"路径"面板中有一个鱼形路径，如图 4-116 所示。

(2) 单击"图层"面板下方的 （创建新图层）按钮，新建"图层 1"，并将图层混合模式设为"颜色"，分别选择不同颜色的画笔在画面上涂抹，这时看到鱼的纹理仍然保留，但是被添加了颜色，结果如图 4-117 所示，此时图层分布如图 4-118 所示。

图 4-116 路径

图 4-117 给不同部位上不同颜色

图 4-118 图层分布

(3) 新建"图层 2"，将图层混合模式设为"叠加"，然后选择蓝色的画笔在鱼的身体部分涂抹，结果如图 4-119 所示，此时图层分布如图 4-120 所示。

图 4-119 给身体上色

图 4-120 图层分布

(4) 在"路径"面板中选中鱼的路径，然后单击"路径"面板下方的 （将路径作为选区载入）按钮，载入鱼的选区。接着使用快捷键 <Ctrl+shift+I> 反选选区，结果如图 4-121 所示。

(5) 单击"路径"面板上的灰色部分，使路径不被选择。

（6）回到"图层"面板上来。选中"图层 1"，按 <Delete> 键，目的是将刚才不小心画出的超过鱼的部分删除。再选中"图层 2"，按 <Delete> 键，将不需要的部分删除掉。

（7）按快捷键 <Ctrl+D> 取消选区，结果如图 4-122 所示。

图 4-121　反选选区　　　　　　　　　　　图 4-122　取消选区效果

提示

"颜色"模式是采用底色的亮度以及绘图色的色相、饱和度来创建最终色，它可以保护原图的灰阶层次，对于图象的色彩微调、给单色和彩色图象着色都非常有用。而"叠加"模式是使绘图色的颜色被叠加到底色上，但保留底色的高光和阴影部分。

4.8.2　变天效果

要点：

本例将制作变天效果，如图 4-123 所示。通过本例学习应掌握利用"贴入"命令制作图层蒙版以及改变图层透明度的方法。

原图1　　　　　　　　　　原图2　　　　　　　　　　结果图

图 4-123　变天效果

操作步骤：

（1）打开配套光盘"素材及结果 \4.8.2　变天效果 \原图1.jpg"文件，如图 4-123 左图所示。

（2）选择工具箱上的 （魔棒工具），容差值调为 50，选中"连续"选项。然后选择图中的天空部分，结果如图 4-124 所示。

（3）打开配套光盘"素材及结果 \4.8.2　变天效果 \原图2.jpg"图片，然后执行菜单中"选择"|"全选"（快捷键 <Ctrl+A>）命令，接着执行菜单中的"编辑"|"复制"（快捷键 <Ctrl+C>）命令复制。

（4）回到"原图1.jpg"的图片，执行菜单中的"编辑"｜"选择性粘贴"｜"贴入"命令，此时晚霞的图片被粘入到选区范围以内，选区以外的部分被遮住。"图层"面板中会产生一个新的图层1和图层蒙版。然后使用 （移动工具）选中蒙版图层上的蓝天部分，将晚霞移动到合适的位置，结果如图4-125所示。

图4-124 创建选区　　　　　　　　图4-125 贴入晚霞效果

（5）此时树木与背景融合有白色边缘，为了解决这个问题，需要选择 （画笔工具），选择一个柔化笔尖，然后确定前景色为白色，当前图层为蒙版图层，使用画笔在树冠部分涂抹处理使蓝天白云画面和原图结合得更好，如图4-126所示。

（6）制作水中倒影效果。方法：使用工具箱上的 （多边形套索工具），羽化值为0，将水塘部分圈画起来，结果如图4-127所示。

图4-126 处理树木顶部边缘　　　　　　图4-127 创建水的选区

（7）执行菜单中的"编辑"｜"选择性粘贴"｜"贴入"命令，将蓝天白云的图片粘贴入选区，这时图层出现了一个新的图层2和它的蒙版图层，如图4-128所示。

图4-128 贴入效果

（8）选择"图层2"，然后执行菜单中的"编辑"|"变换"|"垂直翻转"命令，制作出晚霞的倒影。接着利用 （移动工具）选中蒙版图层上的晚霞部分，将晚霞移动到合适的位置。最后确定当前图层为倒影图层（即"图层2"），将"图层"面板上透明度调整为50%，结果如图4-129所示。

图4-129 制作水中倒影效果

（9）为了使陆地的色彩与晚霞相匹配。下面确定当前图层为"背景层"，执行菜单中的"图像"|"调整"|"色相/饱和度"（快捷键<Ctrl+U>）命令，在弹出的对话框中设置参数如图4-130所示，然后单击"确定"按钮，结果如图4-131所示。

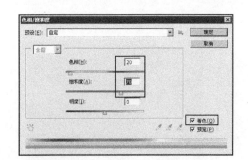

图4-130 制作水中倒影效果

图4-131 变天效果

4.8.3 带阴影的图片合成效果

要点:

本例将把一幅图片中的图像及阴影巧妙地融合到另一幅图片中，如图4-132所示。通过本例学习应掌握"亮度对比度"与图层蒙版的应用。

原图1

原图2

结果图

图4-132 七彩棋盘效果

操作步骤：

（1）打开配套光盘"素材及结果＼4.8.3 带阴影的图片合成＼原图1.bmp"和"原图2.bmp"文件，如图4-132左图和中图所示。

（2）选择工具箱中的（移动工具），将"原图1.bmp"拖动到"原图2.bmp"中，结果如图4-133所示。

图4-133 将"原图1.bmp"拖动到"原图2.bmp"中

（3）在合成图像时戒指实体与阴影要分开进行处理，因此下面复制出一个戒指图层（即图层1副本），如图4-134所示。

（4）创建戒指选区，如图4-135所示。

图4-134 复制出"图层1 副本"层　　　　　图4-135　　创建选区

（5）单击"图层"面板下方的（添加图层蒙版）按钮，对"图层1副本"层添加一个图层蒙版，如图4-136所示。

（6）关闭"图层1"前面的图标，如图4-137所示，观看一下戒指实体处理后的结果，如图4-138所示。

图4-136 添加图层蒙版　　图4-137 关闭"图层1"显示　　　图4-138 观看效果

（7）对戒指阴影进行处理。首先关闭"图层1副本"层前的 图标，隐藏戒子实体，然后打开"图层1副本"前的 图标。接着创建戒指实体以外的选区。

（8）对"图层1"层施加蒙版。方法：按住<Ctrl>键单击"图层1 副本"层的蒙版，从而得到"图层1 副本"层的蒙版选区，然后选择"图层1"，单击"图层"面板下方的 （添加图层蒙版）按钮，给"图层1"层添加一个图层蒙版。接着执行菜单中的"图像"|"调整"|"反相"命令，将"图层1"蒙版层的黑白颜色互换，如图4-139所示，结果如图4-140所示。

图4-139 给"图层1"添加蒙版

图4-140 添加蒙版后效果

（9）对于戒指阴影部分将采用图层混合模式进行处理，因此必须在戒指阴影层（即图层1，而不是蒙版）执行菜单中的"图像"|"调整"|"亮度/对比度"命令，设置参数如图4-141所示，单击"确定"按钮，结果如图4-142所示。

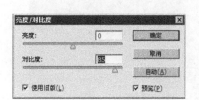

图4-141 设置"亮度/对比度"

图4-142 调整"亮度/对比度"效果

（10）恢复"图层1"的显示，然后将"图层1"的图层混合方式设定为"正片叠底"，如图4-143所示，结果如图4-144所示。

图4-143 设置图层混合模式

图4-144 "正片叠底"效果

（11）此时戒子阴影效果基本制作完成，但是有些细部需要进一步进行蒙版处理，将其去掉。
方法：选择工具箱上的 （画笔工具），设定前景色为黑色，处理"图层1"的蒙版将多余的
部分遮住，最终效果如图4-145所示。

图4-145 最终效果

4.8.4 模拟玻璃杯的透明效果

🧑 **要点：**

本例将利用两张图片模拟玻璃杯的透明效果，如图4-146所示。通过本例的学习，
应掌握图层蒙版、图层组蒙版、不透明度及链接图层的综合应用。

原图1	原图2	结果

图4-146 模拟玻璃杯的透明效果

🧑 **操作步骤：**

（1）打开配套光盘中的"素材及结果\4.8.4 模拟玻璃杯的透明效果\原图1.bmp"和"原
图2.bmp"文件，如图4-146左图和中图所示。

（2）选择工具箱上的 （移动工具），将"原图2.bmp"文件拖入到"原图1.bmp"中，
结果如图4-147所示。

（3）创建小怪人的选区，然后单击"图层"面板下方的 ▣（添加图层蒙版）按钮，对"图
层1"添加一个图层蒙版，将小怪人以外的区域进行隐藏，其效果如图4-148所示，此时图层分
布如图4-149所示。

（4）选择"图层1"，执行菜单中的"编辑"|"变换"|"水平翻转"命令，将该层图像水
平翻转，效果如图4-150所示。

图 4-147　将"原图 2"拖入"原图 1"　　　图 4-148　隐藏小人以外区域　　　　图 4-149 图层分布

💡 **提示**

　　利用蒙版中的黑色将图像中不需要的部分隐藏和直接将不需要的图像删除相比，前者具有不破坏原图的优点。执行菜单中的"图像"|"旋转画布"|"水平翻转画布"命令，是对整幅图像进行水平翻转；执行菜单中的"编辑"|"变换"|"水平翻转"命令，只对所选择的图层进行水平翻转，而未选择的图层不进行翻转。

　　（5）选择"背景"层，单击"图层"面板下方的 🔲（创建新图层）按钮，在背景层上方新建"图层 2"。

　　（6）选择工具箱上的 🖌（画笔工具），确定前景色为黑色，在新建的"图层 2"上绘制小怪人的阴影，效果如图 4-151 所示。

图 4-150　水平翻转图像　　　　　　　　　图 4-151　绘制阴影

　　（7）此时阴影颜色太深，为了解决这个问题，需要进入"图层"面板，将"图层 2"的不透明度设为 50%，效果如图 4-152 所示，图层分布如图 4-153 所示。

图 4-152　将阴影不透明度改为 50%　　　　　图 4-153　图层分布

（8）制作小怪人在玻璃杯后的半透明效果。方法：关闭"图层1"和"图层2"前的 ◉ 图标，从而隐藏这两个图层，如图4-154所示。

（9）利用工具箱上的 ▽ （多边形套索工具），在"背景"层上创建玻璃杯的选区，如图4-155所示。

（10）单击"图层"面板下方的 ▭ （创建新组）按钮，新建一个图层组，然后将"图层1"和"图层2"拖入图层组，效果如图4-156所示。

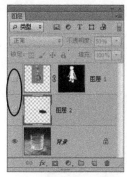

图4-154 隐藏"图层1"和"图层2"　　图4-155 创建选区　　图4-156 将图层拖入图层组

（11）选择"组1"层，单击"图层"面板下方的 ▣ （添加图层蒙版）按钮，对图层组添加一个图层蒙版，此时图层分布如图4-157所示。然后按住〈Alt〉键，单击图层组的蒙版，使其在视图中显示，如图4-158所示。

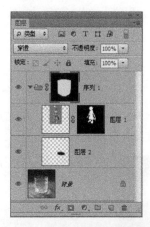
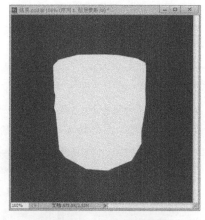

图4-157 对图层组添加图层蒙版　　　　　图4-158 显示图层蒙版

（12）按快捷键〈Ctrl+I〉，将其颜色进行反相处理，最后用RGB（128，128，128）颜色填充图层组蒙版中的玻璃杯选区，如图4-159所示，以便于产生玻璃的透明效果，此时图层分布如图4-160所示。接着按快捷键〈Ctrl+D〉取消选区，效果如图4-161所示。

（13）再次按住〈Alt〉键，单击图层组的蒙版，使其在视图中取消显示。

（14）恢复"图层1"和"图层2"的显示，然后利用工具箱上的 ⊹ （移动工具）在画面上移动小怪人，会发现阴影并不随小怪人一起移动。为了使阴影和小怪人一起移动，下面同时选择"图层1"和"图层2"，然后单击"图层"面板下方的 ⊖ （链接图层）按钮，将两个图层进行链接，如图4-162所示。此时阴影即可随小怪人一起移动了，最终效果如图4-163所示。

图4-159 用RGB（128，128，128）颜色填充

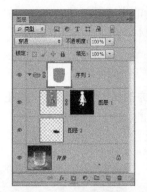

图4-160 图层分布

图4-161 取消选区后的效果

图 4-162 链接图层

图 4-163 阴影随小怪人一起移动效果

4.8.5 名片效果

要点：

本例将制作一张个性化名片，效果如图 4-164 所示。通过本例的学习，读者应掌握制作模拟撕边效果、图形的描边、图像的颜色处理、剪贴蒙版的综合应用。

图 4-164 名片效果

操作步骤：

（1）执行菜单中的"文件"｜"新建"命令，在弹出的对话框中设置"名称"为"名片制作"，并设置其他参数如图 4-165 所示，然后单击"确定"按钮，新建一个文件。

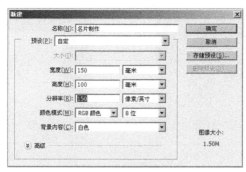

图 4-165　建立新文件

（2）制作深暗的渐变背景。方法：选择工具箱中的 ■（渐变工具），然后单击工具选项栏左部的 ■■■ （点按可编辑渐变）按钮，从弹出的"渐变编辑器"对话框中设置参数，如图 4-166 所示，单击"确定"按钮。接着按住〈Shift〉键在画面中由下至上拖动鼠标，从而在画面中创建出"黑—白"的线性渐变，效果如图 4-167 所示。

图 4-166　在"渐变编辑器"对话框中设置参数　　图 4-167　填充"黑—白"渐变背景

（3）绘制确定尺寸的矩形。方法：单击"图层"面板下方的 ■（创建新图层）按钮，新建一个名称为"名片"的图层，如图 4-168 所示，然后选择工具箱中的 ■（矩形选框工具），并将工具选项栏中的宽度、高度分别设置为 600 像素、350 像素，如图 4-169 所示。接着在图像窗口中单击鼠标左键，此时会出现一个固定尺寸的矩形选框，如图 4-170 所示。最后将前景色设置为白色，再按快捷键〈Alt+Delete〉，将其填充白色，效果如图 4-171 所示。

图 4-168　新建名称为"名片"的图层　　图 4-169　在工具选项栏中设置矩形选框的宽度和高度

图 4-170　绘制固定尺寸的矩形选框

图 4-171　将矩形选框填充白色

（4）绘制名片上部的模拟撕边形状。方法：首先单击"图层"面板下方的 ⬚（创建新图层）按钮，新建"上撕边 1"图层，如图 4-172 所示，然后选择工具箱中的 ⬚（多边形套索工具），在画面中绘制一个不规则的选区，效果如图 4-173 所示。接着将前景色设置为黑色，再按快捷键〈Alt+Delete〉，将选区填充为黑色，如图 4-174 所示。

（5）同理，绘制出名片中下半部分的撕边形状，效果如图 4-175 所示。

图 4-172　新建"上撕边 1"的图层

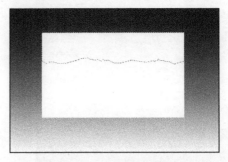

图 4-173　绘制不规则选区

图 4-174　将选区填充为黑色

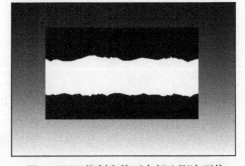

图 4-175　绘制名片下半部分撕边形状

（6）将素材图片加入名片中。方法：打开配套光盘中的"素材及结果 \4.8.5　制作名片效果 \ 涂鸦 1.jpg"文件，如图 4-176 所示，然后选择工具箱中的 ⬚（移动工具），将"涂鸦 1.jpg"图像拖入"名片制作 .psd"文件中，接着按快捷键〈Ctrl+T〉，调出自由变换控制框来调整图像的大小与位置，如图 4-177 所示，最后按〈Enter〉键确认变换操作。

（7）将"涂鸦 1"图像的颜色调整为棕黄色。方法：执行菜单中的"图像"｜"调整"｜"色相／饱和度"命令，在弹出的对话框中设置参数，如图 4-178 所示（注意选中"着色"复选框），然后单击"确定"按钮，此时照片会变为棕黄色调，效果如图 4-179 所示。

图 4-176 素材"涂鸦 1.jpg"

图 4-177 调整图像的大小和位置

图 4-178 在"色相／饱和度"对话框中设置参数

图 4-179 将图像调整为棕黄色调效果

（8）利用图层间建立"剪贴蒙版"的功能将棕黄色涂鸦图置入上撕边图形内。方法：将"图层 1"移动到"上撕边"图层的上方，如图 4-180 所示，然后在"图层"面板中右键单击"图层 1"和"下撕边"之间的位置，从弹出的快捷菜单中选择"创建剪贴蒙版"命令，此时位于下撕边图形之外的图像部分会被裁掉，效果如图 4-181 所示，图层分布如图 4-182 所示。

图 4-180 将"图层 1"移动到
"上撕边"图层的上方

图 4-181 创建剪贴蒙版效果

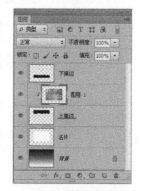

图 4-182 创建剪贴蒙版后
的图层分布

（9）接下来打开配套光盘中的"素材及结果 \4.8.5 制作名片效果 \ 涂鸦 2.jpg"文件，如图 4-183 所示，然后使用与制作名片上半部分撕边图相同的方法来处理名片下半部分撕边图像（调整"色相／饱和度"参数，如图 4-184 所示），调整后整体名片的色彩效果如图 4-185 所示，此时图层分布如图 4-186 所示。

图 4-183　素材"涂鸦 2.jpg"

图 4-184　在"色相／饱和度"对话框中设置参数

图 4-185　将下部分撕边效果处理为绿色调

图 4-186　创建剪贴蒙版后的图层分布

（10）选择"名片"图层，然后将前景色设置为黄色（颜色参考数值为 CMYK（5，1，80，0））），接着在按住〈Ctrl〉键的同时单击"名片"图层的图层缩览图，载入名片形状的选区，最后按快捷〈Alt+Delete〉，将其填充为黄色，效果如图 4-187 所示。

图 4-187　填充黄色的名片底色

（11）为了强调撕边的效果，下面沿撕边的边缘扩充出一圈白色纸边。方法：在"名片"图层上方新建"上撕边 1"图层，如图 4-188 所示，然后将工具箱中的前景色设置为白色。按住〈Ctrl〉键的同时单击"上撕边"图层的图层缩览图，从而得到"上撕边"形状的选区，接着执行菜单中的"选择"｜"修改"｜"扩展"命令，在弹出的对话框中设置"扩展量"为 3 像素，如图 4-189 所示，单击"确定"按钮，此时撕纸形状向外扩出一圈白边，效果如图 4-190 所示。

图 4-188 新建"上撕边 1"图层　　　　　　　　　图 4-189 设置"扩展选区"参数

（12）将撕边图像左、右、上部的白色边线去掉，只保留下部的白线。方法：按住〈Ctrl〉键的同时单击"名片"图层的图层缩览图，从而得到名片的矩形选区，然后执行菜单中的"选择"｜"反向"命令，反选选区，再按〈Delete〉键将名片形状之外的白色删除，效果如图 4-191 所示。

图 4-190 向外扩出一圈白边效果　　　　　　　图 4-191 将名片之外的白色区域删除

（13）为"上撕边 1"图层添加向下的投影。方法：单击"图层"面板下方的 fx（添加图层样式）按钮，从弹出的快捷菜单中选择"投影"命令，然后在弹出的"图层样式"对话框中设置参数，如图 4-192 所示，单击"确定"按钮，此时撕纸边缘会出现浅浅的投影，与底图间呈现出一定的距离感，效果如图 4-193 所示。

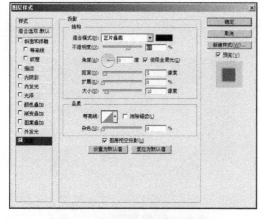

图 4-192 设置"投影"参数　　　　　　　　　图 4-193 撕纸边缘出现投影

（14）同理，制作出名片下半部分撕边的描边与投影效果，如图 4-194 所示 。

图 4-194 名片下半部分撕边与投影效果

（15）为名片整体添加投影的效果。方法：首先选择"名片"图层，然后单击"图层"面板下方 fx.（添加图层样式）按钮，从弹出的快捷菜单中选择"投影"命令，在弹出的"图层样式"对话框中设置参数，如图 4-195 所示，单击"确定"按钮，此时名片在背景中会形成左下方的投影效果，效果如图 4-196 所示。

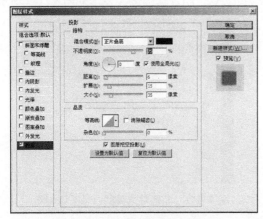

图 4-195 设置"投影"参数　　　　图 4-196 名片在背景中形成左下方的投影效果

（16）在名片中间空白部分添加文字。该名片是以图像设计为主的个性化名片，因此文字版式较简单。方法：选择工具箱中的 T.（横排文字工具），在名片中输入相关文字（字体、字号读者可自行选择），然后单击工具选项栏中的 ■（居中对齐文本）按钮，将文字居中对齐，效果如图 4-197 所示。接着选中"名片"图层和文字图层，单击工具选项栏中的 ♣（水平居中对齐）按钮，将文字放置于名片的正中间位置，效果如图 4-198 所示。

（17）至此，名片效果制作完毕。

图 4-197 文本居中对齐效果　　　　图 4-198 文字的排列居中效果

4.9　课　后　练　习

1．填空题

（1）填充图层的填充内容可为_____、_____和_____3种。

（2）蒙版是图像合成的重要手段，蒙版图层中的黑、白和灰色像素控制着图层中相应位置图像的透明程度，其中_____表示显现当前图层的区域，_____表示隐藏当前图层的区域，_____表示半透明区域。

2．选择题

（1）（　　）模式的作用结果和正片叠底正好相反，它是将两个颜色的互补色的像素值相乘，然后再除以255得到最终色的像素值。通常执行滤色模式后的颜色都较浅。任何颜色和黑色执行滤色模式，原颜色不受影响；任何颜色和白色执行滤色模式得到的是白色。而与其他颜色执行此模式都会产生漂白的效果。

　　A．叠加　　　　　　B．滤色　　　　　　C．颜色　　　　　　D．柔光

（2）（　　）模式根据图像的明暗程度来决定最终色是变亮还是变暗。当图像色比50%的灰要亮时，则底色图像变亮；如果图像色比50%的灰要暗，则底色图像就变暗。如果图像色是纯黑色或者纯白色，最终色将稍稍变暗或者变暗，如果底色是纯白色或者纯黑色，则没有任何效果。

　　A．叠加　　　　　　B．滤色　　　　　　C．颜色　　　　　　D．柔光

（3）移动图层上的图像时，按住（　　）键，可以使图层中的图像按45°的倍数方向移动。

A．Shift　　　　　　B．Ctrl　　　　　　C．Alt　　　　　　D．Tab

3．问答题/上机题

（1）简述将背景图层可以转换为普通图层的方法。

（2）练习1：制作出图4-199所示的手镯效果。

（3）练习2：利用配套光盘"课后练习\4.9课后练习\练习2\原图.jpg"图片，制作出图4-200所示的映射在背景上的浮雕效果。

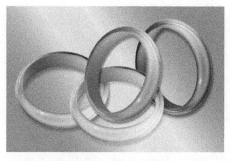

图4-199　练习1效果

图4-200　练习2效果

第5章

通道和蒙版

📖**本章要点**

通道和蒙版是 Photoshop CS6 图像处理中两个不可缺少的利器。利用这两个利器能够使用户更完美地表现艺术才华，使创意设计达到更高的境界。通过本章学习应掌握以下内容：

- 通道的概念
- "通道"面板
- Alpha通道的使用
- 通道的操作
- 蒙版的操作

5.1　通道的概述

通道分为颜色通道、Alpha 通道和专色通道 3 种类型。

颜色通道用于保存图像的颜色数据。例如一幅 RGB 模式的图像，其每一个像素的颜色数据是由红、绿、蓝 3 个通道记录的，而这 3 个色彩通道组合定义后合成了一个 RGB 主通道，如图 5-1 所示。因此，改变红、绿、蓝通道之一的颜色数据，都会马上反映到 RGB 主通道中。而在 CMYK 模式的图像中，颜色数据则分别由青色、洋红色、黄色、黑色 4 个单独的通道组合成一个 CMYK 的主通道，如图 5-2 所示。这 4 个通道也就相当于四色印刷中的四色胶片，即 CMYK 图像在彩色输出时可以进行分色打印，将 CMYK 四原色的数据分别输出成为青色、洋红色、黄色和黑色 4 张胶片。在印刷时这 4 张胶片叠合，即可印刷出色彩斑斓的彩色图像。

Alpha 通道用于保存蒙版。即将一个选取范围保存后，就会成为一个蒙版保存在一个新增的通道中，如图 5-3 所示。具体讲解请参见"5.3 Alpha 通道"。

专色通道用于印刷出片时出专色版。

图 5-1　RGB 模式图像的通道

图 5-2　CMYK 模式图像的通道

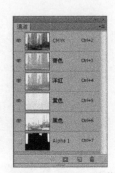

图 5-3　Alpha 通道

5.2　通道面板

执行菜单中的"窗口"|"通道"命令，调出"通道"面板，如图5-4所示。通过该面板可以完成如新建通道、删除、复制、合并以及拆分通道等操作。

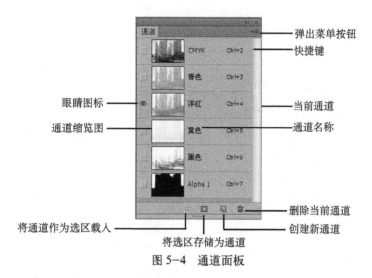

图5-4　通道面板

（1）眼睛图标：用于显示或隐藏当前通道。

（2）通道缩览图：在通道名称左侧有一个缩览图，其中显示该通道的内容，从中可以迅速识别每一个通道。在任一图像通道中进行编辑修改后，该缩览图中的内容均会随着改变。如果对图层中的内容进行编辑和修改，则各原色通道的缩览图也会随着改变。

（3）弹出菜单按钮：单击此按钮，会弹出快捷菜单，如图5-5所示。从中可以选择相应的菜单命令。

（4）快捷键：按下这些快捷键可以快速、准确地选中所指定的通道。

（5）通道名称：每一个通道都有一个不同的名称以便区分。在新建 Alpha通道时，如不为新通道命名，则Photoshop CS6会自动依序命名为 Alpha1、Alpha2，依次类推。如果新建的是专色通道，则 Photoshop CS6会自动依序命名为专色1、专色2，依此类推。

（6）当前通道：选中某一通道后，则以蓝颜色显示这一通道。此时图像中只显示这一通道的整体效果。

图5-5　通道弹出菜单

（7）将通道作为选区载入：单击此按钮，可将当前作用通道中的内容转换为选取范围。

（8）将选区存储为通道：单击此按钮，可以将当前图像中的选取范围转换为一个蒙版，保存到一个新增的Alpha通道中。该功能与执行菜单中的"选择"|"存储选区"命令相同，只不过更加快捷。

（9）创建新通道：单击此按钮，可以快速新建Alpha通道。

（10）删除当前通道：单击此按钮，可以删除当前通道。注意主通道不可以删除。

5.3 Alpha 通道

Alpha 通道与选区有着密切的关系，其可以创建从黑到白共 256 级灰度色。Alpha 通道中的纯白色区域为选区，纯黑色区域为非选区，而灰色区域为羽化选区。通道不仅可以转换为选区，也可以将选区保存为通道。图 5-6 所示为一幅图像中的 Alpha 通道，图 5-7 所示为将其转换为选区后的效果。

图 5-6　Alpha 通道

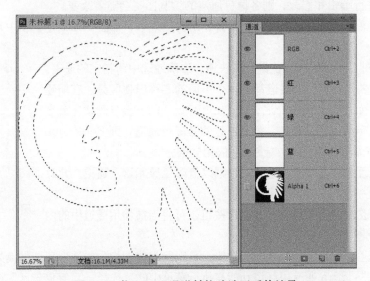

图 5-7　将 Alpha 通道转换为选区后的效果

图 5-8 所示为一个图形选区，图 5-9 所示为将其保存为 Alpha 通道的效果。

图 5-8 图形选区

图 5-9 将选区保存为 Alpha 通道的效果

5.3.1 新建 Alpha 通道

新建 Alpha 通道有以下两种方法：

(1) 单击"通道"面板下方的 ■ (创建新通道)按钮。默认情况下，Alpha 通道被依次命名为"Alpha 1"、"Alpha 2"、"Alpha 3"……。

(2) 单击"通道"面板右上角的小三角按钮，从弹出的快捷菜单中选择"新建通道"命令，此时会弹出图 5-10 所示的对话框，该对话框主要选项的含义如下：

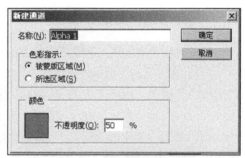

- 名称：用于设置新建通道的名称。默认名称为 Alpha1。

图 5-10 "新建通道"对话框

- 色彩指示：用于确认新建通道的颜色显示方式。如果单击"被蒙版区域"，则新建通道中黑色区域代表蒙版区，白色区域代表保存的选区；如果单击"所选区域"，则含义相反。

设置完毕后，单击"确定"按钮，即可创建一个 Alpha 通道。

5.3.2 将选区保存为通道

将选区保存为通道有以下两种方法：

(1) 单击"通道"面板下方的 ■ (将选区存储为通道)按钮，即可将选区保存为通道。

(2) 执行菜单中的"选择"|"存储选区"命令，此时会弹出图 5-11 所示的对话框，该对话框主要选项的含义如下：

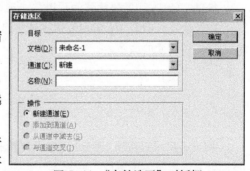

- 文档：该下拉列表框用于显示所有已打开文件的名称，选择相应文件名称，即可将选区保存

图 5-11 "存储选区"对话框

在该图像文件中。如果在该下拉列表框中选择"新建"选项，则可以将选区保存在一个新文件中。

- 通道：该下拉列表框中包括当前文件已存在的 Alpha 通道名称及"新建"选项。如果选择已有的 Alpha 通道，则可以替换该 Alpha 通道所保存的选区；如果选择"新建"选项，则可以创建一个新的 Alpha 通道。
- 新建通道：选中该单选按钮，可以创建一个新通道。如果在"通道"下拉列表框中选择一个已存在的 Alpha 通道，此时"新建通道"项将转换为"替换通道"项，选中"替换通道"单选按钮，则可用当前选区生成的新通道替换所选的通道。
- 添加到通道：该项只有在"通道"下拉列表框中选择一个已存在的 Alpha 通道时，才可以使用。选中该单选按钮，可以在原通道的基础上添加当前选区所定义的通道。
- 从通道中减去：该项只有在"通道"下拉列表框中选择一个已存在的 Alpha 通道时，才可以使用。选中该单选按钮，可以在原通道的基础上减去当前选区所创建的通道，即在原通道中以黑色填充当前选区所确定的区域。
- 与通道交叉：该项只有在"通道"下拉列表框中选择一个已存在的 Alpha 通道时，才可以使用。选中该单选按钮，可以将原通道与当前选区的重叠部分创建为新通道。

设置完毕后，单击"确定"按钮，即可将选区保存为 Alpha 通道。

5.3.3 将通道作为选区载入

将通道作为选区载入有以下两种方法：

（1）在"通道"面板中选择该 Alpha 通道，然后单击"通道"面板下方的 ⊙（将通道作为选区载入）按钮，即可载入 Alpha 通道所保存的选区。

（2）执行菜单中的"选择"|"载入选区"命令，弹出图 5-12 所示的"载入选区"对话框，该对话框中选项与"存储选区"对话框中选项的含义相同，在此就不再赘述。

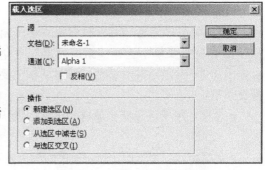

图 5-12 "载入选区"对话框

提示

按住〈Ctrl〉键的同时单击通道，可以直接载入该通道所保存的选区；如果按住〈Ctrl+Shift〉快捷键的同时单击通道，可在当前选区中添加该通道所保存的选区；如果按住〈Ctrl+Alt〉快捷键的同时单击通道，可以在当前选区中减去该通道所保存的选区；如果按住〈Ctrl+Alt+Shift〉快捷键的同时单击通道，可以得到当前选区与该通道所保存的选区相重叠的选区。

5.4 通道的操作

用户不仅可以通过"通道"面板创建新通道，还可以进行复制、删除、合并和分离通道的操作，下面就来进行具体讲解。

5.4.1　复制和删除通道

保存了一个选取范围后，对该选区范围（即通道中的蒙版）进行编辑时，通常要先将该通道的内容复制后再编辑，以免编辑后不能还原，这时就可以复制通道。为了节省硬盘的存储空间，提高程序运行效果，还可以将没有用的通道删除。

1．复制通道

复制通道的具体操作步骤如下：

（1）选中要复制的通道。

（2）单击"通道"面板右上角的小三角按钮，从弹出的快捷菜单中选择"复制通道"命令。弹出图5-13所示的对话框。

- 为：用于设置复制后的通道名称。

- 文档：用于选择要复制的目标图像文件。

图5-13　"复制通道"对话框

- 名称：如果在"文档"下拉列表中选择"新建"

  选项，此时"名称"文本框会变为可用状态，在其中可输入新文件的名称。

- 反相：如果选中"反相"复选框，相当于执行菜单中的"图像"｜"调整"｜"反相"命令。

  此时复制后的通道颜色会以反相显示，即黑变白、白变黑。

（3）单击"确定"按钮，即可完成复制通道的操作。

2．删除通道

删除通道的具体操作步骤如下：

（1）选中要删除的通道，如图5-14所示。

（2）单击"通道"面板下方的 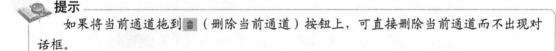（删除当前通道）按钮，在弹出的图5-15所示的对话框中单击"确定"按钮，即可完成删除通道的操作。

> **提示**
>
> 如果将当前通道拖到 （删除当前通道）按钮上，可直接删除当前通道而不出现对话框。

图5-14　选中要删除的通道

图5-15　删除通道提示对话框

5.4.2　分离和合并通道

对于一幅包含多个通道的图像，可以将每个通道分离出来。然后对分离后的通道经过编辑和修改后，再重新合并成一幅图像。

1. 分离通道

分离通道的具体操作步骤如下：

（1）打开一幅要分离通道的图像，如图 5-16 所示。

图 5-16　打开要分离通道的图像

（2）单击"通道"面板右上角的小三角按钮，从弹出的快捷菜单中选择"分离通道"命令，此时每一个通道都会从原图像中分离出来，同时关闭原图像文件。分离后的图像都将以单独的窗口显示在屏幕上。这些图像都是灰度图，不含有任何彩色，并在标题栏上显示其文件名。文件名是由原文件的名称和当前通道的英文缩写组成的，比如"红"通道，分离后的名称为"鲜花_R. 扩展名"（其中"鲜花"为原文件名）。图 5-17 为一幅含有 Alpha 通道的 RGB 图像分离后的结果。

> **提示**
>
> 执行"分离通道"命令的图像必须是只含有一个背景层的图像，如果当前图像含有多个图层，则需先合并图层，否则"分离通道"命令不可用。

图 5-17　RGB 图像通道被分离后结果

2. 合并通道

合并通道的具体操作步骤如下：

（1）选择一个分离后经过编辑修改的通道图像。

（2）单击"通道"面板右上角的小三角按钮，从弹出的快捷菜单中选择"合并通道"命令，此时会弹出图 5-18 所示的对话框。

- 模式：用于指定合并后图像的颜色模式。
- 通道：用于输入合并通道的数目。

（3）单击"确定"按钮，弹出图 5-19 所示的对话框。在该对话框中可以分别为红、绿、蓝三原色通道选定各自的源文件。注意三者之间不能有相同的选择，并且如果三原色选定的源文件不同，会直接关系到合并后的图像效果。单击"确定"按钮，即可完成合并通道的操作。

图 5-18 "合并通道"对话框

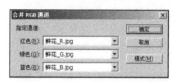

图 5-19 "合并 RGB 通道"对话框

5.5 通道计算和应用图像

使用通道"计算"和"应用图像"命令，可以将图像内部和图像之间的通道组合成新图像。这些命令提供了"图层"面板中没有的两个附加混合模式，即"添加"和"减去"。尽管通过将通道复制到"图层"面板的图层中可以创建通道的新组合，但采用"计算"命令来混合通道信息会更迅速。

5.5.1 使用应用图像命令

"应用图像"命令可以将图像的图层和通道（源）与现用图像（目标）的图层和通道混合。使用"应用图像"命令的具体操作步骤如下：

（1）打开配套光盘"素材及结果 \ 应用图像 1.jpg"和"应用图像 2.jpg"两张像素尺寸相同的图片，如图 5-20 所示。

应用图像 1.jpg

应用图像 2.jpg

图 5-20 打开两张像素尺寸相同的图像

（2）选择"应用图像 1.jpg"为当前图像，执行菜单中的"图像"|"应用图像"命令，在弹出的对话框中设置"源"为"应用图像 2.jpg"，"混合"设置为"正片叠底"，不透明度为70%，如图 5-21 所示，单击"确定"按钮，结果如图 5-22 所示。

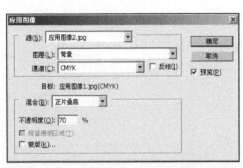

图 5-21　在"应用图像"对话框中设置参数

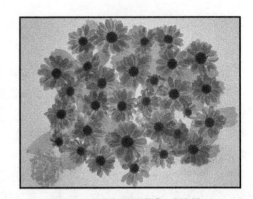

图 5-22　"应用图像"后效果

（3）如果要通过蒙版应用混合，可以选中"蒙版"复选框，此时"应用图像"面板如图 5-23 所示。然后选择包含蒙版的图像和图层。对于"通道"栏，可以选择任何颜色通道或 Alpha 通道作为蒙版，单击"确定"按钮，结果如图 5-24 所示。

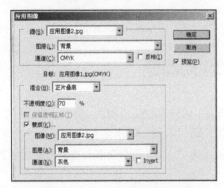

图 5-23　选中"蒙版"复选框

图 5-24　使用"蒙版"后"应用图像"效果

5.5.2　使用"计算"命令

使用"计算"命令可以混合两个来自一个或多个源图像的单个通道，然后可以将结果应用到新图像或新通道，或现用图像的选区。使用"计算"命令的具体操作步骤如下：

（1）打开配套光盘"素材及结果 \ 计算 .jpg"文件，如图 5-25 所示。

（2）新建一个通道，然后输入文字"野外"，如图 5-26 所示。

图 5-25　打开图像

图 5-26　在通道中输入文字

（3）执行菜单中的"滤镜"|"模糊"|"高斯模糊"命令，在弹出的"高斯模糊"对话框中设置参数，如图 5-27 所示，再单击"确定"按钮。

（4）执行菜单中的"滤镜"|"风格化"|"浮雕效果"命令，在弹出的对话框中设置参数，如图 5-28 所示，单击"确定"按钮，结果如图 5-29 所示。

（5）执行菜单中的"图像"|"计算"命令，在弹出的对话框中设置参数，如图 5-30 所示，单击"确定"按钮，结果如图 5-31 所示。

图 5-27　设置"高斯模糊"参数

图 5-28　设置浮雕效果参数

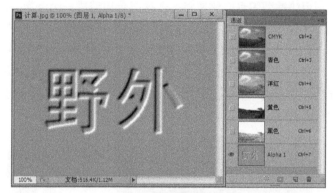

图 5-29　浮雕效果

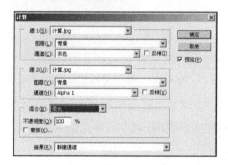

图 5-30　在"计算"对话框中设置参数

图 5-31　"计算"后效果

5.6　蒙版的产生和编辑

蒙版是用来保护被遮盖的区域，让被遮盖的区域不受任何编辑操作的影响。蒙版与选取范围的功能是相同的，两者之间可以互相转换，但它们本质上有区别。选取范围是一个透明无色的虚框，在图像中只能看出它的虚框形状，不能看出经过羽化边缘后的选取范围效果。而蒙版则是以一个实实在在的形状出现在"通道"面板中，可以对它进行修改和编辑（如选择滤镜功能、旋转和变形等），然后转换为选取范围应用到图像上。事实上，蒙版是一个灰色图像，在通道中将有颜色的区域设为遮盖的区域时，白色的区域即为透明的区域（即图像的选取范围），而灰色的区域则是半透明区域。

5.6.1 蒙版的产生

在 Photoshop CS6 中蒙版的应用非常广泛，产生蒙版的方法也很多。通常有以下几种方法。

（1）单击"通道"面板下方的 ▣（将选区存储为通道）按钮，将选取范围转换为蒙版。

（2）利用"通道"面板先建立一个 Alpha 通道，然后利用绘图工具或其他编辑工具在该通道上编辑也可以产生一个蒙版。

（3）利用图层蒙版功能，可在"通道"面板中产生一个蒙版，具体请参考"4.5 图层蒙版"。

（4）使用工具箱中的快速蒙版功能产生一个快速蒙版。

5.6.2 快速蒙版

利用快速蒙版可以快速将一个选区范围变成一个蒙版，然后对这个蒙版进行修改和编辑，以完成精确的选取范围，此后再转换为选区范围使用。应用快速蒙版的具体操作步骤如下：

（1）打开配套光盘"素材及结果 \ 快速蒙版 .jpg"图片，如图 5-32 所示。

（2）利用工具箱中的 ⚲（魔棒工具）选取画笔，会发现笔尖部分由于和阴影颜色十分接近，很难选取，如图 5-33 所示。此时可以单击工具箱中的 ▣（以快速蒙版模式编辑）按钮（快捷键〈Q〉），进入快速蒙版状态。

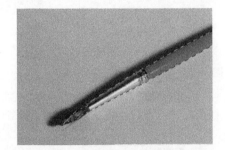

图 5-32　打开图片　　　　　　　　图 5-33　使用魔棒工具选取画笔

（3）此时通道中会产生一个临时蒙版，如图 5-34 所示。其作用与将选区范围保存到通道中相同，只不过它是临时的蒙版，一旦单击 ▣（以标准模式编辑）按钮，快速蒙版就会马上消失。

（4）在快速蒙版状态下，设置前景色为白色，利用工具箱中的 ✎（画笔工具）在笔尖部分进行涂抹，从而将在 ⚲（魔棒工具）情况下不易选取的笔尖部分进行选取，如图 5-35 所示。

（5）单击 ▣（以标准模式编辑）按钮，结果如图 5-36 所示。

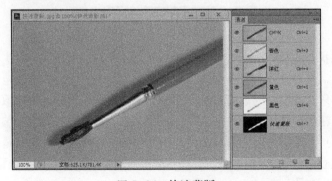

图 5-34　快速蒙版

图5-35　利用 （画笔工具）涂抹笔尖部分

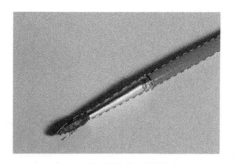

图5-36　标准模式下的状态

5.7　实例讲解

本节将通过"通道抠像效果"、"木板雕花效果"和"金属字效果"3个实例来讲解通道与蒙版在实践中的应用。

5.7.1　通道抠像效果

要点：

本例将介绍一种利用通道将图像中的人物抠出，放入另一幅图像中的方法，如图5-37所示。通过本例学习应掌握利用通道来处理带毛发人物抠像的方法。

原图1

原图2

结果图

图5-37　通道抠像效果

操作步骤：

（1）执行菜单中的"文件|打开"命令，打开配套光盘中的"素材及结果\5.7.1　通道抠像效果\原图1.jpg"文件，如图5-37左图所示。

（2）进入"通道"面板，如图5-38所示。然后选择红色通道，将其拖到 （创建新通道）按钮上，从而复制出"红　副本"通道，如图5-39所示，结果如图5-40所示。

（3）通道中白色的区域为选区，黑色的区域不是选区，而灰色的区域为渐隐渐现的选区。下面将利用"亮度／对比度"命令来将图像中的灰色区域去除。方法：执行菜单中的"图像"|"调整"|"亮度／对比度"命令，在弹出的对话框中设置参数如图5-41所示，单击"确定"按钮，结果如图5-42所示。

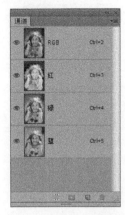

图 5-38　进入通道面板

图 5-39　复制出"红 副本"通道

图 5-40　复制的通道效果

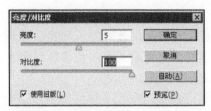

图 5-41　调整"亮度／对比度"

图 5-42　调整"亮度／对比度"效果

（4）选择工具箱上的 ◯（套索工具），羽化值设为 0，创建如图 5-43 所示的选区。然后用白色填充选区，结果如图 5-44 所示。接着按〈Ctrl〉键单击"红 副本"通道，从而获得"红 副本"通道的选区，结果如图 5-45 所示。

（5）回到 RGB 通道，如图 5-46 所示。然后打开配套光盘"素材及结果 \5.7.1 通道抠像效果 \ 图 2.jpg"文件，如图 5-37 中图所示。接着利用 ▶⊞（移动工具），将选区内的图像移到"原图 2.jpg"文件中，最终效果如图 5-47 所示。

图 5-43　创建选区

图 5-44　用白色填充选区

图 5-45　"红 副本"通道的选区

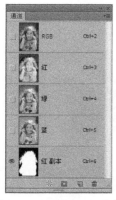

图 5-46　回到 RGB 通道

图 5-47　最终效果

5.7.2　木板雕花效果

 要点：

　　本例将制作人物头像在木板上的雕花效果，如图 5-48 所示。通过本例学习应掌握 Illustrator 在 Photoshop 中的置入以及应用图像的使用方法。

原图

人物头像

结果

图 5-48　木版雕花效果

 操作步骤：

　　(1) 打开配套光盘中的"素材及结果 \ 5.7.2 木板雕花效果 \ 原图 .jpg"文件，如图 5-48 左图所示。

　　(2) 单击"通道"面板上的 （创建新通道）按钮，建立一个新的 Alpha1 通道，如图 5-49 所示。

　　(3) 执行菜单中的"文件"|"置入"命令，在 Alpha1 通道上置入配套光盘"5.7.2 木板雕花效果 \ 人物头像 .ai"文件（这是一幅在 Illustrator 中绘制的矢量图），如图 5-50 所示。然后按〈Enter〉键确认。

　　(4) 选择工具箱上的 （魔棒工具），在头像的灰色处单击，然后执行菜单中的"选择"|"选取相似"命令，从而选择图像中所有灰色区域。接着用白色填充选区，最后按快捷键〈Ctrl+D〉取消选区，结果如图 5-51 所示。

图 5-49　木版雕花效果　　　图 5-50　置入图像　　　图 5-51　取消选区效果

(5) 对头像进行模糊处理。执行菜单中的"滤镜"|"模糊"|"高斯模糊"命令，在弹出的对话框中设置参数，如图 5-52 所示，然后单击"确定"按钮，结果如图 5-53 所示。

图 5-52　设置"高斯模糊"参数　　　　　　图 5-53　高斯模糊效果

(6) 执行菜单中的"滤镜"|"风格化"|"浮雕效果"命令，在弹出的对话框中设置参数，如图 5-54 所示，然后单击"确定"按钮，结果如图 5-55 所示。

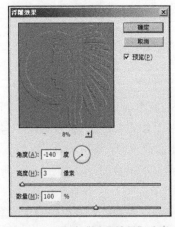

图 5-54　设置"浮雕效果"参数　　　　　　图 5-55　浮雕效果

(7) 选择"图层"面板上的背景层，回到复合状态。执行菜单中的"图像"|"应用图像"命令，在弹出的对话框中设置参数，如图 5-56 所示，单击"确定"按钮，结果如图 5-57 所示。

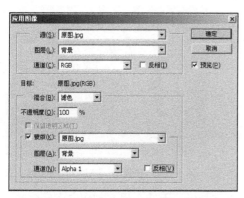

图 5-56 设置"应用图像"参数

图 5-57 应用图像效果

5.7.3 金属字效果

 要点:

  金属字是 Photoshop 软件的经典案例，它主要利用对两个通道中相对应的像素点进行数学计算的原理，配合层次与颜色的调整，形成特殊的带有立体浮凸感和金属反光效果的特殊材质。本例将制作一种金属字效果，如图 5-58 所示。通过本例学习应掌握 Alpha 通道的创建、通道中的滤镜效果、通道运算、曲线功能等知识的综合应用。

图 5-58 金属字效果

 操作步骤:

  (1) 执行菜单中的"文件"|"新建"命令，打开"新建"对话框，其中设置如图 5-59 所示，单击"确定"按钮，创建"金属字 .psd"文件。

  (2) 先创建通道并在通道中输入文字，方法：执行菜单中的"窗口"|"通道"命令，调出"通道"面板，然后单击"通道"面板下方的 （创建新通道）按钮，创建通道"Alpha1"。接着选择工具箱中的 （横排文字工具）在画面中输入白色文字"堂皇"，在选项栏内设置"字体"为"行楷"，"字体大小"为 90 pt。最后，按快捷键〈Ctrl+D〉去除选区，如图 5-60 所示。

图 5-59　新创建一个文件

图 5-60　在通道"Alpha1"中输入文字

（3）复制出一个通道并利用滤镜功能将文字加粗，因为金属字制作完成后会产生扩展和浮凸的效果，因此要先准备一个字体加粗的通道。方法：在"通道"面板中将"Alpha1"图标拖动到面板下方的 （创建新通道）按钮上，将它复制一份，并更名为"Alpha2"，如图 5-61 所示。然后执行菜单中的"滤镜"｜"其他"｜"最大值"命令，在弹出的"最大值"对话框中设置"半径"为 4 像素，如图 5-62 所示，单击"确定"按钮，"最大值"操作的结果会将图像中白色的面积扩宽，因此"Alpha2"中文字明显加粗，效果如图 5-63 所示。

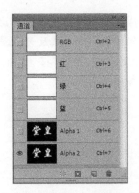

图 5-61　将"Alpha1"复制为"Alpha2"

图 5-62　"最大值"对话框

图 5-63　"Alpha2"中文字明显加粗

（4）下面选中通道"Alpha1"，将它再次拖动到面板下方的 （创建新通道）按钮上复制一份，并更名为"Alpha3"，然后执行菜单中的"滤镜"｜"模糊"｜"高斯模糊"命令，在弹出的"高斯模糊"对话框中设置"半径"为 4 像素，如图 5-64 所示，单击"确定"按钮，"Alpha3"中的文字变得模糊不清，如图 5-65 所示。

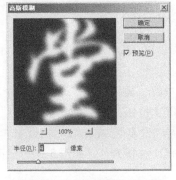

图 5-64　"高斯模糊"对话框

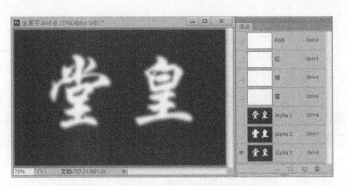

图 5-65　"Alpha3"中的文字变得模糊不清

（5）继续进行通道的复制与滤镜操作。先将通道"Alpha 3"再复制为"Alpha 4"，然后在"通道"面板中选中"Alpha 3"，执行菜单中的"滤镜"｜"其他"｜"位移"命令，在弹出的"位移"对话框中设置"水平"与"垂直"项参数都为2，如图5-66所示，"位移"操作可以让图像中的像素发生偏移，正的数值将产生右下方向上的偏移。单击"确定"按钮，得到如图5-67所示效果。

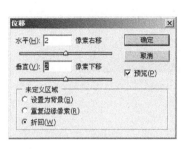
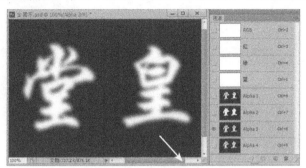

图5-66　在"位移"对话框中输入正的数值　　图5-67　使"Alpha 3"往右下方向偏移2像素

（6）选中"Alpha 4"通道，执行菜单中的"滤镜"｜"其他"｜"位移"命令，在弹出的"位移"对话框中设置"水平"与"垂直"项参数都为 -2，如图5-68所示，负的数值将产生左上方向上的偏移。单击"确定"按钮，得到如图5-69所示效果。

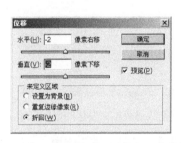
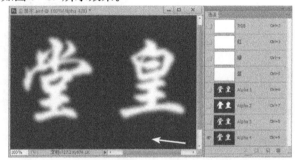

图5-68　在"位移"对话框中输入负的数值　　图5-69　使"Alpha 4"往左上方向偏移2像素

（7）准备工作完成了，现在可以开始进行通道运算。要了解Photoshop"计算"功能的工作原理，必须先理解以下两个基本概念：

①　通道中每个像素点亮度的数值是 $0 \sim 255$，当使用"计算"功能时，是对这些数值进行计算。

②　因为执行的是像素对像素的计算，所以执行计算的两个文件（通道）必须具有完全相同的大小和分辨率，也就是说具有相同数量的像素点。

方法：执行菜单中的"图像"｜"计算"命令，打开如图5-70所示的"计算"对话框，将"源1"的通道设为"Alpha 3"，将"源2"的通道设为"Alpha 4"，"混合"下拉列表框中选择"差值"项，"结果"下拉列表框中选择"新建通道"，这一步骤的意义是将"Alpha 3"和"Alpha 4"经过差值相减的计算，生成一个新通道，新通道自动命名为"Alpha 5"，单击"确定"按钮，得到如图5-71所示效果。

（8）经过上一步骤，"Alpha 5"中已初步形成了金属字的雏形，但是立体感和金属感都不够强烈，下面应用"曲线"功能来进行调节。方法：执行菜单中的"图像"｜"调整"｜"曲线"命令，在弹出的"曲线"对话框中调节曲线为近似"M"的形状，如图5-72所示（如果一次调整效果不理想，还可以多次进行调整，使金属反光效果变化更丰富），单击"确定"按钮，得到如图5-73所示效果。

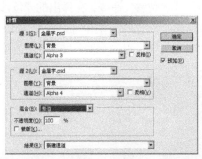

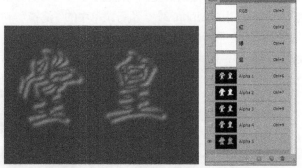

图 5-70　在"计算"对话框中设置参数　　图 5-71　"Alpha3"和"Alpha4"经过计算生成新通道"Alpha5"

提示

　　这一步骤主观性和随机性较强，曲线形状的差异会形成效果迥异的金属反光效果，可以多尝试多种不同的曲线形状，以得到最为满意的效果。

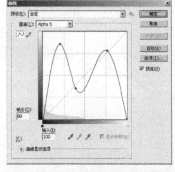

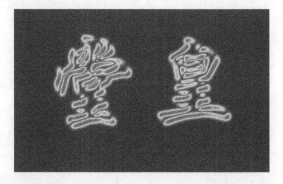

图 5-72　调节曲线为近似"M"的形状　　图 5-73　通过调节曲线形成丰富变化的金属反光

　　（9）下面这一步很重要，要将金属字从通道转换到图层里去。方法：首先选中"Alpha 5"通道，然后按住〈Ctrl〉键单击"Alpha 2"通道名称，这样就在"Alpha 5"中得到了"Alpha 2"的选区。接着，按快捷键〈Ctrl+C〉将其复制，在"通道"面板中单击 RGB 主通道，再按快捷键〈Ctrl+V〉将刚才复制的内容粘贴到选区内，效果如图 5-74 所示。现在打开"图层"面板，可以看到自动生成了"图层 1"，画面中是黑白效果的金属字，如图 5-75 所示。

图 5-74　将通道"Alpha 5"中的内容复制到主通道中　　图 5-75　自动生成了"图层 1"

（10）下面来给黑白的金属字上色。方法：执行菜单中的"图像"｜"调整"｜"变化"命令，在弹出的"变化"对话框中对金属字的高光、中间调、暗调分别进行上色，使文字呈现出黄铜色的金属效果，如图5-76所示。单击"确定"按钮，得到图5-77所示效果。

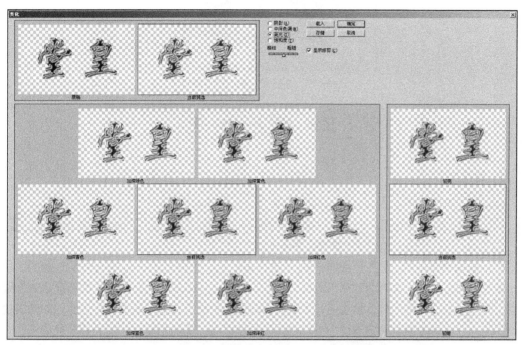

图5-76　在"变化"对话框中对金属字的高光、中间调、暗调分别进行上色

（11）最后为金属字添加投影，增强字效的立体感。方法：选中"图层1"，单击"图层"面板下方的 _fx._（添加图层样式）按钮，在弹出式菜单中选择"投影"项。接着，在弹出的"图层样式"对话框中设置如图5-78所示的参数，单击"确定"按钮，此时图像右下方向出现了半透明的投影。

到此为止，金属字制作完成，读者可根据自己的喜好在上色时为文字添加不同色相的颜色（例如蓝色和绿色的金属效果也不错）。另外，对标志图形进行立体金属化的处理也是很有趣的尝试。最后的效果如图5-79所示。

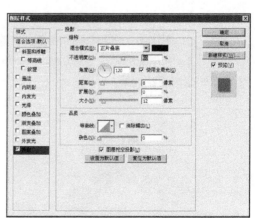

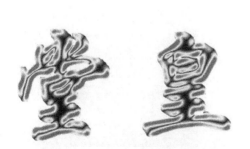

图5-77　文字呈现出黄铜色的金属效果　　图5-78　为"图层1"设置"投影"参数

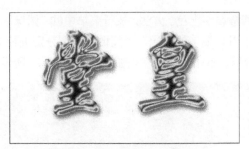

图 5-79　最后完成的金属字效果

5.8　课 后 练 习

1．填空题

（1）通道可以分为_____、_____和_____3 种。

（2）如果已经有一个 Alpha 选区，执行菜单中的"选择"|"载入选区"命令后将出现_____、_____、_____和_____4 个选项可供选择。

（3）按住键盘上的_____键的同时单击通道，可以直接载入该通道所保存的选区；如果按住键盘上的_____键的同时单击通道，可在当前选区中添加该通道所保存的选区；如果按住键盘上的_____键的同时单击通道，可以在当前选区中减去该通道所保存的选区；如果按住键盘上的_____键的同时单击通道，可以得到当前选区与该通道所保存的选区相重叠的选区。

2．选择题

（1）启动快速蒙版的快捷键是_____。

A．Q　　　　　　　B．K　　　　　C．D　　　　　D．X

（2）按住_____键，单击"通道"面板下方的 ⬜（创建新通道）按钮，即可弹出一个"新建通道"的对话框。

A．Ctrl　　　　　B．Shift　　　　C．Alt　　　　D．Ctrl+Shift

3．问答题 / 上机题

（1）简述 Alpha 通道的使用方法。

（2）练习 1：制作图 5-80 所示的边缘文字效果。

（3）练习 2：利用配套光盘"课后练习 \5.8 课后练习 \ 练习 2\ 原图 .jpg"图片，制作出图 5-81 所示的木板雕花效果。

图 5-80　练习 1 效果

图 5-81　练习 2 效果

第6章
图像色彩和色调调整

本章要点

调整图像颜色是 Photoshop CS6 的重要功能之一，在 Photoshop 中有十几种调整图像颜色的命令，利用它们可以对拍摄或扫描后的图像进行相应处理，从而得到所需的效果。通过本章学习应掌握以下内容：

- 整体色彩的快速调整
- 图像色调的精细调整
- 特殊效果的色调调整

6.1　整体色彩的快速调整

当需要处理的图像要求不是很高时，可以运用"亮度／对比度"、"自动色阶"、"自动颜色"和"变化"等命令对图像的色彩或色调进行快速而简单的总体调整。

6.1.1　亮度／对比度

使用"亮度/对比度"命令可以简便、直观地完成图像亮度和对比度的调整。使用"亮度/对比度"命令调整图像色调的具体操作步骤如下：

（1）打开配套光盘"素材及结果＼亮度对比度 .jpg"图片，如图 6-1 所示。

（2）执行菜单中的"图像"|"调整"|"亮度／对比度"命令，弹出图 6-2 所示的对话框。

图 6-1　亮度／对比度 .jpg

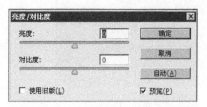

图 6-2　"亮度／对比度"对话框

（3）在该对话框中将亮度滑块向右移动会增加色调值并扩展图像高光，而将亮度滑块向左移动会减少值并扩展阴影；拖动对比度滑块可扩展或收缩图像中色调值的总体范围。

（4）未选中"使用旧版"复选框，则执行"亮度／对比度"命令会与"色阶"和"曲线"命令一样，按比例（非线性）调整图像像素；如果选中"使用旧版"复选框，在调整亮度时只是简单地增大或减小所有像素值，由于这样会导致修剪或丢失高光或阴影区域中的图像细节，因此对于高端输出，建议不要选中"使用旧版"复选框。

（5）此时设置参数，如图 6-3 所示，单击"确定"按钮，结果如图 6-4 所示。

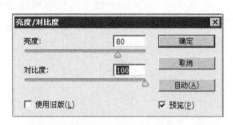

图 6-3　调整"亮度／对比度"参数　　　　图 6-4　调整"亮度／对比度"参数后的效果

6.1.2　变化

使用"变化"命令可以直观地调整图像或选区的色相、亮度和饱和度。使用"变化"命令调整图像色彩的具体操作步骤如下：

（1）打开配套光盘"素材及结果＼变化 .jpg"图片，如图 6-5 所示。

（2）执行菜单中的"图像"|"调整"|"变化"命令，弹出图 6-6 所示的对话框。

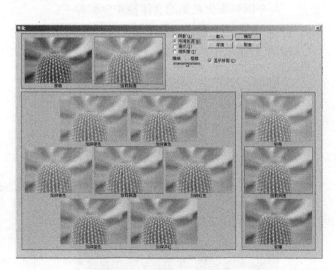

图 6-5　变化 .jpg　　　　　　　　图 6-6　"变化"对话框

该对话框中主要选项的含义如下：

- 原稿、当前挑选：在第一次弹出该对话框时，这两个图像显示完全相同，经过调整后，"当前挑选"缩略图显示为调整后的状态。

- 较亮、当前挑选、较暗：分别单击"较亮"和"较暗"缩略图，可以增亮或加暗图像，"当前挑选"缩略图显示为当前调整后的状态。

- 阴影、中间色调、高光和饱和度：选中对应的单选按钮，可分别调整图像中该区域的阴影、色相、亮度和饱和度。

- 精细／粗糙：拖动该滑块可以确定每次调整的数量，将滑块向右侧移动一格，可使调整度双倍增加。

- 调整色相：该对话框左下方有 7 个缩略图，中间的"当前挑选"缩略图与左上方的"当前挑选"缩略图的作用相同，用于显示调整后的图像效果。其余 6 个缩略图分别可以用来改变图像的 6 种颜色，单击其中任意一个缩略图，均可增加与该缩略图对应的颜色。

如单击"加深红色"缩略图，可使图像在一定程度上增加红色，根据需要可以单击多次，从而得到适当的效果。

- 存储、载入：单击"存储"按钮，可以将该对话框的设置保存为一个"*.AVA"文件，如果在以后的工作中遇到需要进行同样设置的图像，可以在该对话框中单击"载入"按钮，调出该文件，从而设置该对话框。

(3) 设置完毕后，单击"确定"按钮，结果如图 6-7 所示。

图 6-7　调整"变化"参数后的效果

6.2　色调的精细调整

当要对图像的细节、局部进行精确的色彩和色调调整时，可以使用"色阶"、"曲线"、"色彩平衡"和"匹配颜色"等命令来完成。

6.2.1　色阶

"色阶"命令可以通过调整图像的暗调、中间调和高光等强度级别，校正图像的色调范围和色彩平衡。

使用"色阶"命令调整图像色调的具体操作步骤如下：

(1) 打开配套光盘"素材及结果 \ 色阶 .jpg"文件，如图 6-8 所示。

(2) 执行菜单中的"图像"|"调整"|"色阶"（快捷键〈Ctrl+L〉）命令，弹出图 6-9 所示的对话框。该对话框中主要选项的含义如下：

- 通道：在该下拉列表框中，用于选定要进行色调调整的通道。如果选中"RGB"，则色调调整将对所有通道起作用；如果只选中"R"、"G"、"B"通道中的单一通道，则"色阶"命令将只对当前选中的通道起作用。

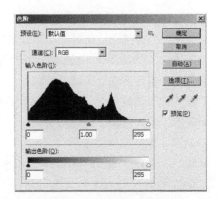

图 6-8　色阶 .jpg

图 6-9　"色阶"对话框

- 输入色阶：在"输入色阶"下面有 3 个文本框，分别对应通道的暗调、中间调和高光。这 3 个文本框分别与其上方的直方图上的 3 个小三角滑块一一对应，分别拖动 3 个滑块可以很方便地调整图像暗调、中间调和亮部色调。缩小"输入色阶"的范围可以提高图像的对比度。

- 输出色阶：使用"输出色阶"可以限定处理后图像的亮度范围。缩小"输出色阶"的范围会降低图像的对比度。

- 吸管工具：对话框右下角从左到右依次为 🖋（设置黑场）、🖋（设置灰点）和 🖋（设置白场）。选择其中任何一个吸管，然后将鼠标指针移到图像窗口中，鼠标指针变成相应的吸管形状，此时单击即可进行色调调整。选择 🖋（设置黑场）后在图像中单击，图像中所有像素的亮度值将减去吸管单击处的像素亮度值，从而使图像变暗。🖋（设置白场）与 🖋（设置黑场）相反，Photoshop CS6 将所有的像素的亮度值加上吸管单击处的像素的亮度值，从而提高图像的亮度。🖋（设置灰点）所选中的像素的亮度值用来调整图像的色调分布。

- 自动：单击"自动"按钮，将以所设置的自动校正选项对图像进行调整。

- 存储：单击"存储"按钮，可以将当前所做的色阶调整保存起来。

- 载入：单击"载入"按钮，可以载入以前的色阶调整。

（3）设置"输入色阶"的 3 个值分别为 30、1.00、180，如图 6-10 所示，单击"确定"按钮，结果如图 6-11 所示。

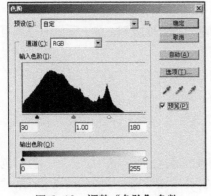

图 6-10　调整"色阶"参数

图 6-11　调整"色阶"参数后的效果

6.2.2 曲线

"曲线"命令是使用非常广泛的色调控制方式。它的功能和"色阶"命令相同，只不过它比"色阶"命令可以做更多、更精密的设置。"色阶"命令只是用 3 个变量（高光、暗调、中间调）进行调整，而"曲线"命令可以调整 0 ~ 255 范围内的任意点，最多可同时使用 16 个变量。

使用"曲线"命令调整图像色调的具体操作步骤如下：

（1）打开配套光盘"素材及结果 \ 曲线 .jpg"图片，如图 6-12 所示。

（2）执行菜单中的"图像"|"调整"|"曲线"（快捷键〈Ctrl+M〉）命令，弹出图 6-13 所示的对话框。

图 6-12　曲线 .jpg

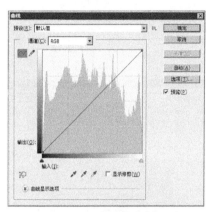

图 6-13　"曲线"对话框

该对话框中主要选项的含义如下：

- 坐标轴：坐标轴中的 X 轴代表图像调整前的色阶，从左到右分别代表图像从最暗区域到最亮区域的各个部分，Y 轴代表图像调整后的色阶，从上到下分别代表改变后图像从最暗区域到最亮区域的各个部分。在未做编辑前图像中显示一条 45°的直线，即输入值与输出值相同。

- （编辑点以修改曲线）：通过该按钮，可以添加控制点以控制曲线的形状。激活该按钮，就可以通过在曲线上添加控制点来改变曲线的形状。移动鼠标指针到曲线上方，此时鼠标指针呈"+"形状，单击即可产生一个节点，如图 6-14 所示，同时该点的"输入 / 输出"值将显示在对话框左下角的"输入"和"输出"数值框中。移动鼠标到节点上方，当鼠标指针呈双向十字箭头形状时，按住鼠标左键并拖动鼠标，或者按键盘上的方向键，即可移动节点，如图 6-15 所示，从而改变曲线的形状。

- （通过绘制来修改曲线）：通过该按钮，可直接在该对话框的编辑区中手动绘制自由线型的曲线形状。激活该按钮，然后移动鼠标指针到网格中按住鼠标左键绘制即可，如图 6-16 所示。此时绘制的曲线不平滑，单击"平滑"按钮，可使曲线自动变平滑，如图 6-17 所示。

- （在图像中取样以设置黑场、灰场、白场）：单击 按钮后在图像中单击，即可将该点设置为图像的黑场；单击 按钮后在图像中单击，即可将该点设置为图像的灰场；单击 按钮后在图像中单击，即可将该点设置为图像的白场。

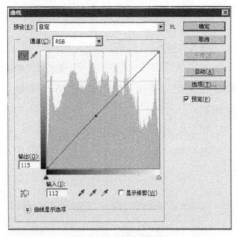

图 6-14　添加节点

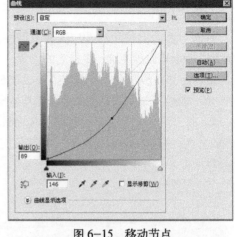

图 6-15　移动节点

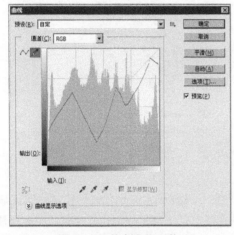

图 6-16　绘制曲线形状

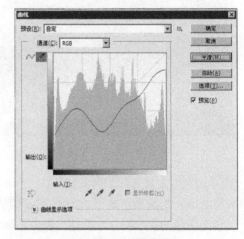

图 6-17　平滑曲线

（3）此时设置参数，如图 6-18 所示，单击"确定"按钮，结果如图 6-19 所示。

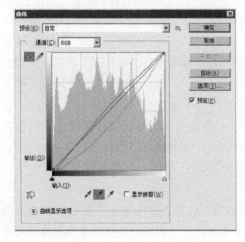

图 6-18　调整"曲线"参数

图 6-19　调整"曲线"参数后的效果

6.2.3　色彩平衡

"色彩平衡"命令会在彩色图像中改变颜色的混合，从而使整体图像的色彩平衡。使用"色彩平衡"命令调整图像色彩的具体操作步骤如下：

（1）打开配套光盘"素材及结果\色彩平衡.jpg"图片，如图 6-20 所示。

（2）执行菜单中的"图像"|"调整"|"色彩平衡"命令，弹出图 6-21 所示的"色彩平衡"对话框。在该对话框中包含 3 个滑块，分别对应上面"色阶"的 3 个文本框，拖动滑块或者直接在文本框中输入数值都可以调整色彩。3 个滑块的变化范围均为 −100 ～ +100。

图 6-20　色彩平衡.jpg

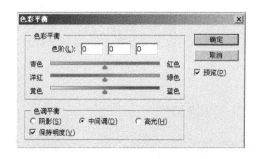

图 6-21　"色彩平衡"对话框

（3）选中"中间调"单选按钮，调整滑块的位置，如图 6-22 所示，结果如图 6-23 所示。

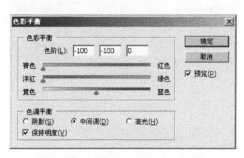

图 6-22　设置"中间调"参数

图 6-23　调整"色彩平衡"参数后的效果

（4）选中"高光"单选按钮，调整 3 个滑块的位置，如图 6-24 所示，单击"确定"按钮，结果如图 6-25 所示。

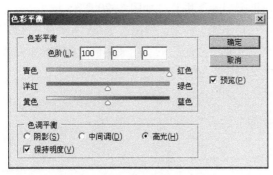

图 6-24　设置"高光"参数　　　　　　图 6-25　调整"色彩平衡"参数后的效果

 提示

　　如果选中"保持亮度"复选框，则可以保持图像的亮度不变，而只改变颜色。

6.2.4　色相／饱和度

　　"色相／饱和度"命令主要用于改变像素的色相及饱和度，而且它还可以通过给像素指定新的色相和饱和度，实现给灰度图像添加色彩的功能。在 Photoshop CS6 中还可以存储和载入"色相／饱和度"的设置，供其他图像重复使用。

　　使用"色相／饱和度"命令调整图像色彩的具体操作步骤如下：

　　（1）打开配套光盘"素材及结果＼色相饱和度.jpg"文件，如图 6-26 所示。

　　（2）执行菜单中的"图像"｜"调整"｜"色相／饱和度"（快捷键〈Ctrl+U〉）命令，弹出图 6-27 所示的对话框。

图 6-26　色相饱和度.jpg　　　　　　图 6-27　"色相／饱和度"对话框

该对话框中主要选项的含义如下：

●编辑：用于选择调整颜色的范围，包括"全图"、"红色"、"黄色"、"绿色"等 7 个选项。

- 色相／饱和度／明度：按住鼠标左键拖动"色相"（范围为 −180 ～ +180）、"饱和度"（范围为 −100 ～ +100）和"明度"（范围为 −100 ～ +100）滑块，或在其数值框中输入数值，可以分别控制图像的色相、饱和度和明度。
- 吸管：单击 ![吸管] （吸管工具）按钮后，在图像中单击鼠标左键，可选定一种颜色作为调整的范围；单击 ![添加] （添加到取样）按钮后，在图像中单击鼠标左键，可以在原有颜色变化范围上添加当前单击处的颜色范围；单击 ![减去] （从取样中减去）按钮后，在图像中单击鼠标左键，可以在原有颜色变化范围上减去当前单击处的颜色范围。
- 着色：选中该复选框后，可以将一幅灰色或黑白的图像处理为某种颜色的图像。

（3）此时设置参数，如图 6-28 所示，单击"确定"按钮，结果如图 6-29 所示。

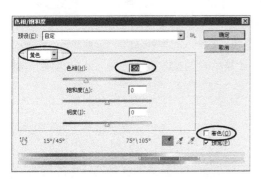

图 6-28 设置"色相／饱和度"参数　　　图 6-29 调整"色相饱和度"参数后的效果

6.2.5 匹配颜色

"匹配颜色"用于匹配不同图像之间、多个图层之间或者多个颜色选区之间的颜色，即将源图像的颜色匹配到目标图像上，使目标图像虽然保持原来的画面，却有与源图像相似的色调。使用该命令还可以通过更改亮度和色彩范围来调整图像中的颜色。

使用"匹配颜色"命令调整图像色彩的具体操作步骤如下：

（1）打开配套光盘"素材及结果＼匹配颜色1.jpg"和"匹配颜色2.jpg"文件，如图6-30所示。

匹配颜色 1　　　　　　　　　　　　　　匹配颜色 2

图 6-30 打开图片文件

（2）执行菜单中的"图像"|"调整"|"匹配颜色"命令，弹出图 6-31 所示的对话框。

该对话框中主要选项的含义如下：

- 明亮度：用于增加或降低目标图像的亮度。取值范围为 1～200，最小值为 1，默认值为 100。
- 颜色强度：用于调整目标图层中颜色像素值的范围。最大值为 200，最小值为 1（灰度图像），默认值为 100。
- 渐隐：用于控制图像的调整量。向右拖动滑块可增大调整量，该数值越大，则得到的图像越接近于颜色区域前后的效果；反之，匹配的效果越明显。

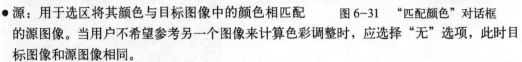

图 6-31　"匹配颜色"对话框

- 源：用于选区将其颜色与目标图像中的颜色相匹配的源图像。当用户不希望参考另一个图像来计算色彩调整时，应选择"无"选项，此时目标图像和源图像相同。
- 图层：用于选择当前选择图像所在的图层。
- 应用调整时忽略选区：如果在当前操作图像中存在选区，选中该复选框后，可以忽略选区对于操作的影响。
- 使用源选区计算颜色：选中该复选框后，在匹配颜色时仅计算源文件选区中的图像，选区之外图像的颜色不在计算之内。
- 使用目标选区计算调整：选中该复选框后，在匹配颜色时仅计算目标文件选区中的图像，选区之外图形的颜色不在计算之内。

（3）此时设置参数，如图 6-32 所示，单击"确定"按钮，结果如图 6-33 所示。

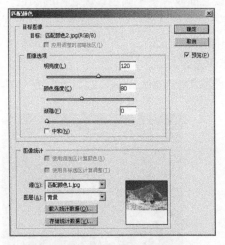

图 6-32　设置"匹配颜色"参数

图 6-33　调整"匹配颜色"参数后的效果

6.2.6　替换颜色

"替换颜色"命令允许先选定图像中的某种颜色，然后改变它的色相、饱和度和亮度值。它相当于执行菜单中的"选择"|"色彩范围"命令再加上"色相饱和度"命令的功能。

使用"替换颜色"命令调整图像色彩的具体操作步骤如下：

（1）打开配套光盘"素材及结果 \ 替换颜色 .jpg"文件，如图 6-34 所示。

（2）执行菜单中的"图像"|"调整"|"替换颜色"命令，弹出图 6-35 所示的对话框。在该对话框中，可以选择预览"选区"或是"图像"。

图 6-34　替换颜色 .jpg　　　　　　　　图 6-35　"替换颜色"对话框

（3）选择 ，在图像中单击花瓣主体位置，确定选区范围。然后选择 ，在花瓣边缘增加当前的颜色；选择 ，在取样区域减少当前的颜色。

（4）拖动"颜色容差"滑块可调整选区的大小。容差越大，选取的范围越大，此时设置"颜色容差"为 75。然后在"替换"选项组中，调整所选中颜色的"色相"、"饱和度"和"明度"，如图 6-36 所示，单击"确定"按钮，结果如图 6-37 所示。

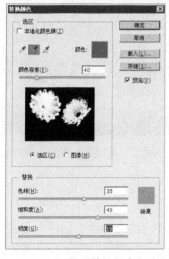

图 6-36　调整"替换颜色"参数　　　　图 6-37　调整"替换颜色"参数后的效果

6.2.7　可选颜色

"可选颜色"命令可校正不平衡的色彩和调整颜色，它是高端扫描仪和分色程序使用的一项技术，在图像中的每个原色中添加和减少 CMYK 印刷色的量。

使用"可选颜色"命令调整图像色彩的具体操作步骤如下：

（1）打开配套光盘"素材及结果 \ 可选颜色 .jpg"文件，如图 6-38 所示。

（2）执行菜单中的"图像"｜"调整"｜"可选颜色"命令，弹出图 6-39 所示的对话框。在该对话框中，可以调整在"颜色"下拉列表框中设置的颜色，有针对性地选择红色、绿色、蓝色、青色、洋红色、黄色、黑色、白色和中性色进行调整。

图 6-38　可选颜色 .jpg

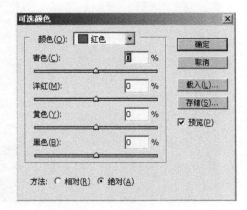

图 6-39　"可选颜色"对话框

（3）此时选择"黄色"，然后调整滑块的位置如图 6-40 所示，单击"确定"按钮，结果如图 6-41 所示。

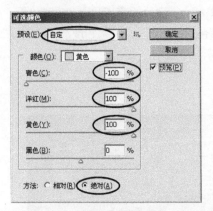

图 6-40　调整"可选颜色"参数

图 6-41　调整"可选颜色"参数后的效果

6.2.8　通道混合器

"通道混合器"命令可以通过从每个颜色通道中选取它所占的百分比来创建高品质的灰度图像，还可以创建高品质的棕褐色调或其他彩色图像。它使用图像中现有（源）颜色通道的混合来修改目标（输出）颜色通道。使用"通道混合器"命令可以通过源通道向目标通道加减灰度数据。

使用"通道混合器"命令调整图像色彩的具体操作步骤如下：

（1）打开配套光盘"素材及结果 \ 通道混合器 .jpg"文件，如图 6-42 所示。

（2）执行菜单中的"图像"｜"调整"｜"通道混合器"命令，弹出图 6-43 所示的对话框。

图 6-42　通道混合器 .jpg

图 6-43　"通道混合器"对话框

在该对话框中主要选项的含义如下：

● 输出通道：用于选择要设置的颜色通道。

● 源通道：拖动"红色"、"绿色"和"蓝色"滑块，可以调整各个原色的值。不论是
RGB 模式还是 CMYK 模式的图像，其调整方法都是一样的。

● 常数：拖动滑块或在数值框中输入数值（取值范围是 −200% ～ 200%），可以改变当前指
定通道的不透明度。

● 单色：选中该复选框后，可以将彩色图像变成灰度图像，此时图像值包含灰度值，所有色
彩通道使用相同的设置。

（3）此时设置参数，如图 6-44 所示，单击"确定"按钮，结果如图 6-45 所示。

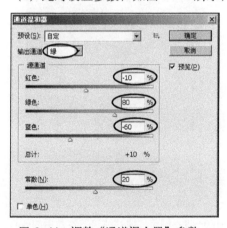

图 6-44　调整"通道混合器"参数

图 6-45　调整"通道混合器"参数后的效果

6.2.9　照片滤镜

"照片滤镜"命令用于模拟传统光学滤镜特效，能够使照片呈现暖色调、冷色调及其他颜
色的色调。

使用"照片滤镜"命令调整图像色彩的具体操作步骤如下：

（1）打开配套光盘"素材及结果 \ 照片滤镜 .jpg"文件，如图 6-46 所示。

（2）执行菜单中的"图像"|"调整"|"照片滤镜"命令，弹出图 6-47 所示的对话框。

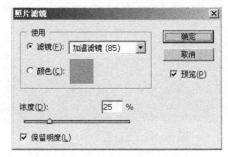

图 6-46　照片滤镜 .jpg

图 6-47　"照片滤镜"对话框

该对话框中主要选项的含义如下：

● 滤镜：在该下拉列表框中可以选择预设的选项对图像进行调节。

● 颜色：单击该色块，在弹出的"选择滤镜颜色"对话框中可以指定一种照片滤镜颜色。

● 浓度：拖动该滑块，可以设置原图像的亮度。

● 保留明度：选中该复选框，将在调整颜色的同时保留原图像的亮度。

（3）此时设置参数，如图 6-48 所示，单击"确定"按钮，结果如图 6-49 所示。

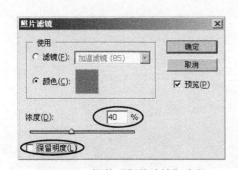

图 6-48　调整"照片滤镜"参数

图 6-49　调整"照片滤镜"参数后的效果

6.2.10　阴影 / 高光

"阴影 / 高光"命令适用于由强逆光而形成剪影的照片，或者校正由于太接近相机闪光灯而有些发白的焦点。

使用"阴影 / 高光"命令调整图像色彩的具体操作步骤如下：

（1）打开配套光盘"素材及结果 \ 阴影高光 .jpg"文件，如图 6-50 所示。

（2）执行菜单中的"图像"｜"调整"｜"阴影 / 高光"命令，弹出图 6-51 所示的对话框。

图 6-50　阴影高光 .jpg

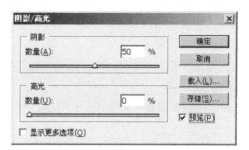

图 6-51　"阴影／高光"对话框

该对话框中主要选项的含义如下：

● 阴影：拖动其下的数量滑块或在数值框中输入相应的数值，可改变暗部区域的明亮程度。

● 高光：拖动该滑块或在该数值框中输入相应的数值，即可改变高亮区域的明亮程度。

（3）此时设置参数，如图 6-52 所示，单击"确定"按钮，结果如图 6-53 所示。

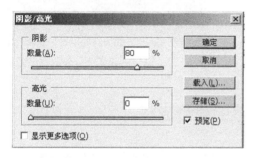

图 6-52　调整"阴影／高光"参数

图 6-53　调整"阴影／高光"参数后的效果

6.2.11　曝光度

"曝光度"命令用于对曝光不足或曝光过度的照片进行修正。与"阴影／高光"命令不同的是，"曝光度"命令是对图像整体进行加亮或调暗。

使用"曝光度"命令调整图像色彩的具体操作步骤如下：

（1）打开配套光盘"素材及结果＼曝光度 .jpg"文件，如图 6-54 所示。

（2）执行菜单中的"图像"｜"调整"｜"曝光度"命令，弹出图 6-55 所示的对话框。

图 6-54　曝光度 .jpg

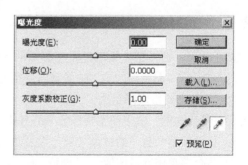

图 6-55　"曝光度"对话框

该对话框中主要选项的含义如下：

● 曝光度：拖动该滑块或在数值框中输入相应的数值，可调整图像区域的高光。

● 位移：拖动该滑块或在数值框中输入相应的数值，可使阴影和中间色调区域变暗，对高光驱的影响很轻微。

● 灰度系数校正：拖动该滑块或在数值框中输入相应的数值，可使用简单的乘方函数调整图像的灰度区域。

（3）此时设置参数，如图 6-56 所示，单击"确定"按钮，结果如图 6-57 所示。

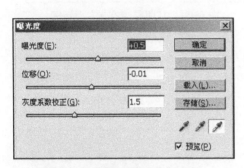

图 6-56 调整"曝光度"参数

图 6-57 调整"曝光度"参数后的效果

6.3 特殊效果的色调调整

"去色"、"渐变映射"、"反相"、"色调均化"、"阈值"和"色调分离"命令可以更改图像中的颜色或亮度值，从而产生特殊效果。但它们不用于校正颜色。

6.3.1 去色

"去色"命令的主要作用是去除图像中的饱和色彩，即将图像中所有颜色的饱和度都变为 0，使图像转变为灰色色彩的图像。

与"灰度"命令将彩色图像转换成灰度图像有所不同，用"去色"命令处理后的图像不会改变颜色模式，只不过失去了图像的颜色。此外，"去色"命令可以只对图像的某一选择范围进行转换，不像"灰度"命令那样不加选择地对整个图像产生作用。

6.3.2 渐变映射

"渐变映射"命令的主要功能是将相等的图像灰度范围映射到指定的渐变填充色上。如果指定双色渐变填充，图像中的暗调映射到渐变填充的一个端点颜色，高光映射到另一个端点颜色，中间调映射到两个端点间的层次。

使用"渐变映射"命令产生特殊效果的具体操作步骤如下：

（1）打开配套光盘"素材及结果 \ 渐变映射 .jpg"文件，如图 6-58 所示。

（2）执行菜单中的"图像"|"调整"|"渐变映射"命令，弹出图 6-59 所示的对话框。

图 6-58　渐变映射 .jpg

图 6-59　"渐变映射"对话框

（3）单击"渐变映射"对话框中的渐变条右边的下三角按钮，从弹出的渐变填充列表中选择相应的渐变填充色，如图 6-60 所示，单击"确定"按钮，结果如图 6-61 所示。

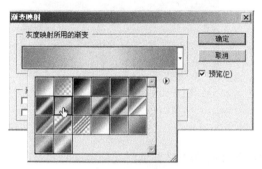

图 6-60　选择渐变填充色

图 6-61　"渐变映射"效果

6.3.3　反相

使用"反相"命令可以将像素颜色改变为它们的互补色，如黑变白、白变黑等，该命令是不损失图像色彩信息的变换命令。

使用"反相"命令产生特殊效果的具体操作步骤如下：

（1）打开配套光盘"素材及结果 \ 反相 .jpg"文件，如图 6-62 所示。

（2）执行菜单中的"图像"|"调整"|"反相"命令，结果如图 6-63 所示。

图 6-62　反相 .jpg

图 6-63　"反相"效果

6.3.4 色调均化

"色调均化"命令可以重新分布图像中像素的亮度值，以便它们更均匀地呈现所有范围的亮度级。在应用此命令时，Photoshop CS6 会查找复合图像中最亮和最暗的值并重新映射这些值，以使最亮的值表示白色，最暗的值表示黑色。之后，Photoshop CS6 尝试对亮度进行色调均化处理，即在整个灰度范围内均匀分布中间像素值。

使用"色调均化"命令产生特殊效果的具体操作步骤如下：

（1）打开配套光盘"素材及结果＼色调均化 .jpg"文件，如图 6-64 所示。

（2）执行菜单中的"图像"｜"调整"｜"色调均化"命令，结果如图 6-65 所示。

图 6-64　色调均化 .jpg　　　　　　图 6-65　"色调均化"效果

6.3.5 阈值

使用"阈值"命令可将一幅彩色图像或灰度图像转换为只有黑白两种色调的高对比度的黑白图像。该命令主要根据图像像素的亮度值把它们一分为二，一部分用黑色表示，另一部分用白色表示。

使用"阈值"命令产生特殊效果的具体操作步骤如下：

（1）打开配套光盘"素材及结果＼阈值 .jpg"文件，如图 6-66 所示。

（2）执行菜单中的"图像"｜"调整"｜"阈值"命令，弹出图 6-67 所示的对话框。在该对话框"阈值色阶"文本框中输入亮度的阈值后，大于此亮度的像素会转换为白色，小于此亮度的像素会转换为黑色。

（3）这里保持默认参数，单击"确定"按钮，结果如图 6-68 所示。

图 6-66　阈值 .jpg

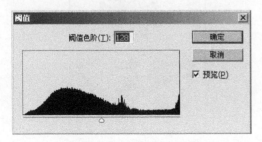 

图 6-67　"阈值"对话框　　　　　　图 6-68　"阈值"效果

6.3.6　色调分离

"色调分离"命令可以让用户指定图像中每个通道的色调级（或亮度值）地数目，然后将这些像素映射为最接近的匹配色调。"色调分离"命令与"阀值"命令的功能类似，所不同的是"阀值"命令在任何情况下都只考虑两种色调，而"色调分离"的色调可以指定 0～255 的任何一个值。

使用"色调分离"产生特殊效果的具体操作步骤如下：

（1）打开配套光盘"素材及结果\色调分离 .jpg"文件，如图 6-69 所示。

（2）执行菜单中的"图像"|"调整"|"色调分离"命令，弹出图 6-70 所示的对话框。在该对话框"色阶"数值框中输入数值，可以确定色调等级。数值越大，颜色过渡越细腻；反之，图像的色块效果显示越明显。

（3）此处保持默认参数，单击"确定"按钮，结果如图 6-71 所示。

图 6-69　色调分离 .jpg

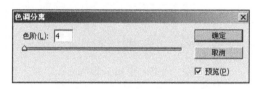

图 6-70　"色调分离"对话框

图 6-71　"色调分离"效果

6.4　实　例　讲　解

本节将通过"变色的郁金香效果"、"黑白老照片去黄效果"、"颜色匹配效果"和"老照片效果" 4 个实例来讲解图像的色调和色彩调整在实践中的应用。

6.4.1　变色的郁金香效果

 要点：

本例将对图片中的红色郁金香进行处理，使之成为黄色，如图 6-72 所示。通过本例学习应掌握通过"色相/饱和度"命令对单一颜色进行调整。

 操作步骤：

（1）打开配套光盘"素材及结果\6.4.1 变色的郁金香\原图 .jpg"文件，如图 6-72 左图所示。

（2）将红色的郁金香处理为黄色。方法：执行菜单中的"图像"|"调整"|"色相/饱和度"（快捷键〈Ctrl+U〉）命令，然后在弹出的对话框"编辑"下拉列表框中选择"红色"选项，如图 6-73 所示。接着调整参数如图 6-74 所示，单击"确定"按钮，最终效果如图 6-75 所示。

原图　　　　　　　　　　　　　　　结果图

图 6-72　变色的郁金香

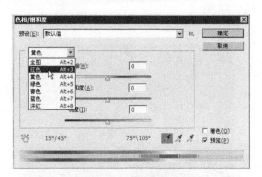 

图 6-73　选择"红色"　　　　　　　图 6-74　调整"色相／饱和度"参数

图 6-75　最终效果图

6.4.2　黑白老照片去黄效果

 要点：

　　本例将对一幅黑白老照片进行去黄处理，如图 6-76 所示。通过本例学习应掌握利用通道以及色彩校正中的曲线命令对黑白老照片去黄的方法。

操作步骤：

（1）打开配套光盘中"素材及结果 \6.4.2 黑白老照片去黄 \ 原图 .tif"图像文件，如图 6-76 所示。

原图　　　　　　　　　　　　　　　结果图

图 6-76　黑白老照片去黄效果

（2）进入"通道"面板复制一个名称为"红 副本"的红色通道，如图 6-77 所示，然后删除"红副本"通道以外的其余通道，如图 6-78 所示，结果如图 6-79 所示。

图 6-77　复制出"红 副本"通道　　图 6-78　删除"红 副本"以外通道　　图 6-79　删除通道效果

（3）去除水印。方法：选择工具箱上的 （套索工具），设置"羽化"值为"20"，然后在画面上创建如图 6-80 所示的选区。

（4）执行菜单中的"图像"|"调整"|"曲线"命令，在弹出的对话框中设置参数，如图 6-81 所示，然后单击"确定"按钮，结果如图 6-82 所示。

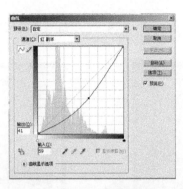

图 6-80　创建选区　　　　　图 6-81　调整曲线　　　　图 6-82　调整曲线效果

（5）按快捷键〈Ctrl+D〉取消选区。

（6）对照片进行上色处理。方法：执行菜单中的"图像"|"模式"|"灰度"命令，将图像转换为灰度图像，此时通道如图 6-83 所示。然后执行菜单中的"图像"|"模式"|"RGB 颜色"命令，将灰度图像转换为 RGB 模式的图像，此时通道如图 6-84 所示。

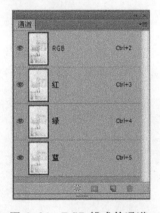

图 6-83　灰度模式的通道　　　　　　　图 6-84　RGB 模式的通道

（7）执行菜单中的"图像"|"调整"|"色相／饱和度"命令，在弹出的对话框中设置参数，如图 6-85 所示，单击"确定"按钮，结果如图 6-86 所示。

图 6-85　调整色相／饱和度　　　　　　图 6-86　最终效果

6.4.3　匹配颜色效果

要点：

本例将利用"匹配颜色"功能将一张照片匹配成另一张照片的颜色，如图 6-87 所示。通过本例学习应掌握利用菜单中"匹配颜色"命令来处理照片的方法。

原图 1　　　　　　　　　　　原图 2　　　　　　　　　　　结果图

图 6-87　匹配颜色图

操作步骤：

（1）打开配套光盘"素材及结果 \6.4.3　匹配颜色效果 \ 原图 1.jpg"文件，如图 6-87 左图所示。

（2）利用"颜色匹配"命令，将"原图 1.jpg"图像文件匹配为"原图 2.jpg"图像文件的颜色。方法：激活"原图 1.jpg"图像文件，执行菜单中的"图像"｜"调整"｜"匹配颜色"命令，弹出图 6-88 所示的对话框。然后单击"源"右侧下三角按钮，从中选择"原图 2.jpg"，并调整其余参数如图 6-89 所示，单击"确定"按钮，最终效果如图 6-90 所示。

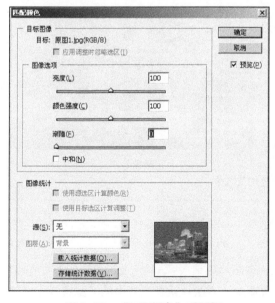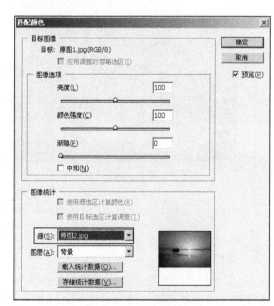

图 6-88　"匹配颜色"对话框　　　　　　　　　图 6-89　调整"匹配颜色"参数

图 6-90　最终效果

6.4.4　老照片效果

要点：

　　本案例将把一张鲜艳的风景照片制作成残缺的有点偏黄的破旧老照片效果，如图 6-91 所示。该案例的制作大致分为 3 个步骤：首先需要将图片进行调色，然后添加破旧的纹理效果，最后制作照片残缺的边角效果。通过本案例的学习，读者应掌握照片色调的调整方法、滤镜以及图层蒙版的运用。

风景.jpg　　　　　　　　　　　　　　　　　　　　结果图

图 6-91　光效图像效果

操作步骤：

　　（1）打开配套光盘中的"素材及结果\6.4.4 老照片效果\风景.jpg"文件，如图 6-91 左图所示，再利用模糊滤镜功能稍微降低图片的清晰度。方法：执行菜单中的"滤镜"｜"模糊"｜"表面模糊"命令，然后在弹出的"表面模糊"对话框中将模糊半径设置为"1"像素，如图 6-92 所示，单击"确定"按钮，模糊后的图像效果如图 6-93 所示。

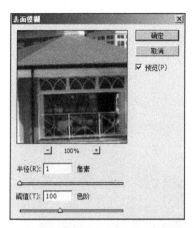

图 6-92　在"表面模糊"对话框中设置参数　　　　图 6-93　模糊后的图像效果

（2）将图像调整为理想的黑白效果。方法：执行菜单中的"图像"|"调整"|"渐变映射"命令，在弹出的"渐变映射"对话框中选择"黑—白"的渐变类型，如图 6-94 所示，单击"确定"按钮，此时图像会变为图 6-95 所示的黑白效果。

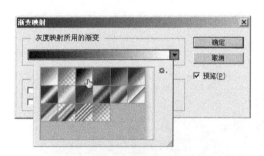

图 6-94　在"渐变映射"对话框中选择　　　　图 6-95　图像变为黑白效果
　　　　"黑—白"的渐变类型

（3）执行菜单中的"图像"|"调整"|"色阶"命令，在弹出的"色阶"对话框中设置参数，如图 6-96 所示，单击"确定"按钮，此时图像会变亮且黑白层次更加丰富，效果如图 6-97 所示。

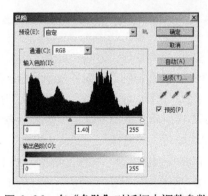

图 6-96　在"色阶"对话框中调整参数　　　　图 6-97　调整色阶后的图像效果

（4）执行菜单中的"图像"｜"调整"｜"曲线"命令，在弹出的"曲线"对话框中进行参数的设置，如图 6-98 所示，单击"确定"按钮，此时图像亮度会进一步提高，效果如图 6-99 所示。

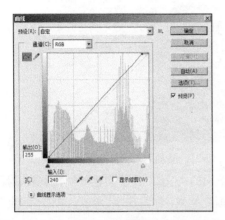

图 6-98　在"曲线"对话框中调整曲线参数　　　　图 6-99　调整"曲线"后的图像效果

（5）下面将图像处理成微微偏黄，具有年代感的效果。方法：执行菜单中的"图像"｜"调整"｜"照片滤镜"命令，在弹出的对话框中设置参数，如图 6-100 所示（颜色参考数值为 CMYK（5，10，90，0）），单击"确定"按钮，此时画面中的图像效果如图 6-101 所示。

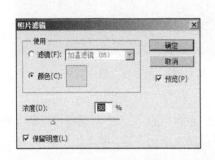

图 6-100　在"照片滤镜"对话框中设置参数　　图 6-101　执行"照片滤镜"命令后图像微微泛黄

（6）图像色调处理完之后，需要将图像四周进行适当的模糊处理。方法：首先选择工具箱中
（椭圆选框工具），在画面的中心位置按住〈Alt+Shift〉快捷键的同时向外拖动鼠标，在画面中绘制一个正圆选区，如图 6-102 所示。然后执行菜单中的"选择"｜"修改"｜"羽化"命令，在弹出的对话框中将羽化值设置为"80"像素，如图 6-103 所示，单击"确定"按钮。接着执行菜单中的"选择"｜"反向"命令，再执行菜单中的"滤镜"｜"模糊"｜"镜头模糊"命令，在弹出的对话框中设置参数，如图 6-104 所示，单击"确定"按钮。最后按快捷键〈Ctrl+D〉，取消选区，图像四周产生了适当的模糊效果，如图 6-105 所示。

图 6-102　在画面中绘制一个正圆选区

图 6-103　设置羽化半径

图 6-104　在"镜头模糊"对话框中设置参数

图 6-105　"镜头模糊"后的效果

提示

　　利用"镜头模糊"命令，可以向图像中添加模糊并产生明显的景深效果，从而使图像中的一些对象清晰，而另一些对象模糊，产生类似于在相机焦距外的效果。

　　（7）下面进行图像质感的制作，将图像进一步处理成具有老照片颗粒感的效果。方法：执行菜单中的"滤镜"｜"杂色"｜"添加杂色"命令，在弹出的对话框中设置参数，如图 6-106 所示，然后单击"确定"按钮，此时图像中增加了一些随机分布的杂点，效果如图 6-107 所示。

图 6-106　在"添加杂色"对话框中设置参数

图 6-107　添加杂色后的图像效果

（8）将"背景"图层拖至"图层"面板下方的 （创建新图层）按钮上，复制后得到"背景副本"图层，如图 6-108 所示。然后将背景颜色设置为白色后，执行菜单中的"滤镜"｜"滤镜库"命令，在弹出的对话框中单击"纹理"选项前的小三角图标，从弹出的列表中选择"颗粒"选项，并进行相关参数的设置，如图 6-109 所示，然后单击"确定"按钮，此时图像中又多了一些随机分布的白色颗粒，效果如图 6-110 所示。

（9）将"背景副本"图层的混合模式设置为"叠加"，不透明度设置为"50%"，如图 6-111 所示，此时图像会呈现出一种老照片的颗粒质感，效果如图 6-112 所示。

（10）下面再给图像制作一种刮花的破旧效果。方法：打开配套光盘中的"素材及结果\6.4.4 老照片效果\刮花纹理 .jpg"文件，如图 6-113 所示。然后执行菜单中的 "图像"｜"调整"｜"色阶"命令，在弹出的对话框中设置参数，如图 6-114 所示，单击"确定"按钮，变暗后的图像效果如图 6-115 所示。

图 6-108　复制"背景"图层　　　　图 6-109　在"颗粒"对话框中设置各项参数

图 6-110　执行"颗粒"滤镜后的图像效果　　　图 6-111　设置图层的混合模式和不透明度

图 6-112　图像呈现出老照片的质感

图 6-113　"刮花纹理 .jpg" 素材

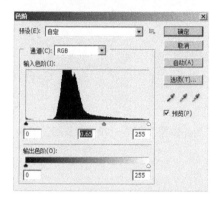

图 6-114　在 "色阶" 对话框中设置参数

图 6-115　调整色阶后的图像变暗

　　（11）利用工具箱中的 ▶╋（移动工具）将调整色阶后的 "刮花纹理 .jpg" 图像拖至 "风景 .psd"
文件中，并按快捷键〈Ctrl+T〉，调出自由变换控制框以调整图像的大小和位置，使其填满整
个画面。然后在 "图层" 面板中将该图层的混合模式设置为 "柔光"，不透明度为 "80%"，
如图 6-116 所示，此时图像上就有了如图 6-117 所示的刮痕效果。

图 6-116　设置图层的混合模式和不透明度

图 6-117　图像上有了白色刮痕的效果

（12）将现有的 3 个图层进行合并，并添加 "内发光"的图层样式。方法：选中所有图层，然后按快捷键〈Ctrl+E〉，将其合并，从而得到"背景"图层，如图 6-118 所示。再在"图层"面板中双击"背景"图层，在弹出的"新建图层"对话框中将名称设置为"照片图像"，如图 6-119 所示，单击"确定"按钮，此时背景图层变为普通图层"照片图像"，"图层"面板如图 6-120 所示。接着单击"图层"面板下方的 *fx.*（添加图层样式）按钮，从弹出的快捷菜单中选择"内发光"命令，再在弹出的"图层样式"对话框中设置"内发光"的参数（颜色参考数值为 CMYK（0，5，35，0）），如图 6-121 所示，最后单击"确定"按钮，此时图像四周会出现朦胧的微微泛黄的效果，如图 6-122 所示。

图 6-118　合并图层　　　图 6-119　将图层名称设置为"照片图像"　图 6-120　背景图层变为"照片图像"普通图层

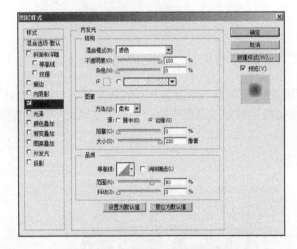

图 6-121　设置"内发光"图层样式　　　　　图 6-122　添加"内发光"后图像效果

（13）下面在"照片图像"图层之下添加两个旧纸片纹理图层，制作出老照片残缺边角的效果。方法：打开配套光盘中的"素材及结果 \6.4.4 老照片制作 \ 旧纸 1.jpg"和"旧纸 2.jpg"文件，如图 6-123 和图 6-124 所示。然后利用工具箱中的 （移动工具）将其分别拖至"风景 .psd"文件中，并置于"照片图像"图层之下，如图 6-125 所示（注意深色旧纸图像位于最下方）。接着单击"照片图像"图层之前的 （指示图层可见性）图标，将该层图像暂时隐藏，再分别调整两个旧纸图像的大小，使其布满整个画面。

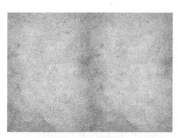

图 6-123　旧纸 1.jpg

图 6-124　旧纸 2.jpg

图 6-125　图层分布

（14）选择"旧纸 2"图层，单击"图层"面板下方的 ▣（添加图层蒙版）按钮，此时图层后面会显示出蒙版图标，如图 6-126 所示。然后将前景色设置为黑色、背景色设置为白色，再选择工具箱中的 ✎（画笔工具），并在属性栏中调整画笔的参数，如图 6-127 所示。接着在画面中的边缘部分进行涂抹，此时画面中"旧纸 2"图像的边缘会呈现出不规则的类似手撕边缘的效果，如图 6-128 所示，此时"图层"面板如图 6-129 所示。

图 6-126　添加图层蒙版

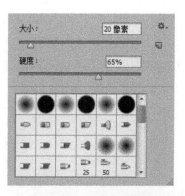

图 6-127　设置画笔参数

图 6-128　"旧纸 2"图像添加图层蒙版后的效果

图 6-129　添加图层蒙版后图层分布

> 🔍 **提示**
>
> 　　蒙版中的黑色部分就是画面中被遮盖住的部分，而白色部分就是画面中图像显示的部分。因此可以配合利用黑色画笔和白色画笔进行蒙版形状的修改完善。

　　(15) 单击"照片图像"图层前的 ◉（指示图层可见性）图标，将图像显示出来，然后使用相同的方法为"照片图像"图层添加图层蒙版，使照片图像与下面的"旧纸 2"图像结合产生出照片撕边的残破效果，如图 6-130 所示，此时"图层"面板如图 6-131 所示。

图 6-130　为"照片图像"添加图层蒙版后的效果

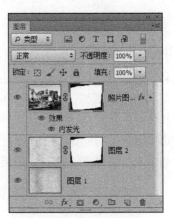

图 6-131　图层分布

　　(16) 选择工具箱中的 ◻（剪裁工具），此时画面边缘会形成剪裁框，如图 6-132 所示，按〈Enter〉键确认裁切边框后，再在属性栏的右侧单击 ✔（提交当前剪裁操作）按钮，将画面之外的图像全部裁掉。最后在"图层"面板最下方创建一个新的"图层 3"图层，如图 6-133 所示。

图 6-132　画面边缘形成剪裁框

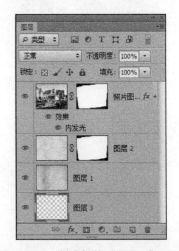

图 6-133　创建新的"图层 3"图层

　　(17)　将工具箱中的前景色设置为白色，然后执行菜单中的"图像"│"画布大小"命令，在弹出的对话框中将"宽度"和"高度"各扩充 1 厘米，如图 6-134 所示，单击"确定"按钮，画布向外扩出了 1 厘米，效果如图 6-135 所示。接着按快捷键〈Alt+Delete〉进行白色填充，从而形成了一种边缘衬托的效果，如图 6-136 所示，至此破旧的老照片效果制作完成。最后将其存储为"老照片 .psd"格式文件。

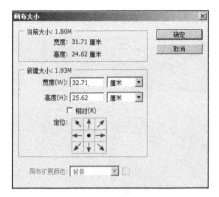

图 6-134　调整画布大小

图 6-135　画布向外扩展的效果

图 6-136　老照片制作最终效果

6.5　课后练习

1. 填空题

(1)_____命令，用于匹配不同图像之间、多个图层之间或者多个颜色选区之间的颜色，即将源图像的颜色匹配到目标图像上，使目标图像虽然保持原来的画面，却有与源图像相似的色调。使用该命令还可以通过更改亮度和色彩范围来调整图像中的颜色。

(2)_____命令，适用于由强逆光而形成剪影的照片，或者校正由于太接近相机闪光灯而有些发白的焦点。

2. 选择题

(1) 下列（　　）选项属于整体色彩的快速调整的命令。

A. 色阶　　　　　B. 曲线　　　　　C. 色相／饱和度　　　　　D. 亮度／对比度

(2) 下列（　　）选项属于色调的精细调整的命令。

A. 色阶　　　　　B. 曲线　　　　　C. 色相／饱和度　　　　　D. 亮度／对比度

3．问答题／上机题

（1）练习 1：打开配套光盘"课后练习 \6.5 课后练习 \练习 1\原图 .jpg"文件，如图 6-137 所示。然后利用"色相饱和度"命令，制作出图 6-138 所示的效果。

图 6-137　原图　　　　　　　　　　　　　　图 6-138　结果图

（2）练习 2：打开配套光盘"课后练习 \6.5 课后练习 \练习 2\原图 .jpg"文件，如图 6-139 所示。然后利用色彩调整的相关命令，制作出图 6-140 所示的效果。

图 6-139　原图　　　　　　　　　　　　　　图 6-140　结果图

第7章
路径和矢量图形

本章要点

Photoshop CS6是一个以编辑和处理位图图像为主的图像处理软件。同时为了应用的需要，也包含了一定的矢量图形处理功能，以此来协助位图图像的设计。路径是Photoshop CS6矢量设计功能的充分体现。用户可以利用路径功能绘制线条或曲线，并对绘制后的线条进行填充和描边，从而完成一些绘图工具所不能完成的工作。通过本章学习应掌握以下内容：

- 路径的概念
- "路径"面板
- 路径的创建和编辑
- 选择和变换路径
- 应用路径
- 创建路径形状

7.1 路径的概述

图像有两种基本构成方式，一种是矢量图形；另一种是位图图像。对于矢量图形来说，路径和点是它的两个组成元素。路径指矢量对象的线条，点则是确定路径的基准。在矢量图像的绘制中，图像中每个点和点之间的路径都是通过计算自动生成的。在矢量图形中记录的是图像中每个点和路径的坐标位置。当缩放矢量图形时，实际上改变的是点和路径的坐标位置。当缩放完成时，矢量图依然是相当清晰的，没有马赛克现象。同时由于矢量图计算模式的限制，一般无法表达大量的图像细节，因此看上去色彩和层次上都与位图有一定的差距，感觉不够真实，缺乏质感。

与矢量图像不同，位图图像中记录的是像素的信息，整个位图图像是由像素构成的。位图图像不必记录烦琐复杂的矢量信息，而以每个点为图像单元的方式真实地表现自然界中任何画面。因此，通常用位图来制作和处理照片等需要逼真效果的图像。但是随着位图图像的放大，马赛克的效果越来越明显，图像也变得越来越模糊。

在Photoshop CS6中，路径功能是其矢量设计功能的充分体现。"路径"是指用户勾绘出来的由一系列点连接起来的线段或曲线。可以沿着这些线段或曲线填充颜色，或者进行描边，从而绘制出图像。此外，路径还可以转换成选区。这些都是路径的重要功能。

7.2 路径面板

执行菜单中的"窗口|路径"命令，调出"路径"面板，如图7-1所示。由于还未编辑路径，此时在面板中没有任何路径内容。在创建了路径后，就会在"路径"面板中显示相应路径，如图7-2所示。

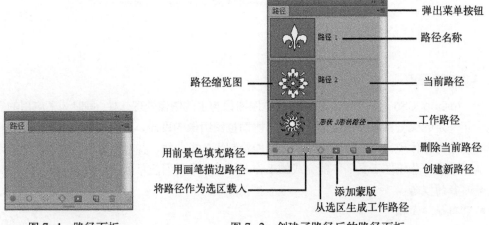

图7-1 路径面板　　　　　　　图7-2 创建了路径后的路径面板

（1）路径缩览图：用于显示当前路径的内容。它可以迅速地辨识每一条路径的形状。

（2）弹出菜单按钮：单击此按钮，会弹出快捷菜单，如图7-3所示。从中可以选择相应的菜单命令。

（3）路径名称：便于在多个路径之间区分。如在新建路径时不输入新路径的名称，则Photoshop CS6会自动一次命名为路径1、路径2、路径3，依此类推。

（4）当前路径：选中某一路径后，则以蓝颜色显示这一路径。此时图像中只显示这一路径的整体效果。

（5）工作路径：是一种临时路径，名称以斜体字表示。当在建立一个新的工作路径时，原有工作路径将被删除。

图7-3 路径弹出菜单

（6）用前景色填充路径：单击此按钮，Photoshop CS6将以前景色填充被路径包围的区域。

（7）用画笔描边路径：单击此按钮，可以按设置的绘图工具和前景色颜色沿着路径进行描边。

（8）将路径作为选区载入：单击此按钮，可以将当前路径转换为选区。

（9）从选区生成工作路径：单击此按钮，可以将当前选区转换为工作路径。

（10）添加蒙版：单击此按钮，可以将当前路径转换为图层蒙版。

（11）创建新路径：单击此按钮，可以创建一个新路径。

（12）删除当前路径：单击此按钮，可以删除当前选中的路径。

7.3　路径的创建和编辑

右击工具箱中的 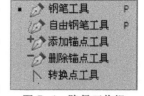（钢笔工具），弹出路径工作组，如图 7-4 所示。路径工作组中包含 5 个工具，它们的功能如下：

（1）（钢笔工具）：路径工具组中最精确的绘制路径工具，可以绘制光滑而复杂的路径。

（2）（自由钢笔工具）：类似于钢笔工具，只是在绘制过程中将自动生成路径。通常情况下，该工具生成的路径还需要再次编辑。

图 7-4　路径工作组

（3）（添加锚点工具）：用于为已创建的路径添加锚点。

（4）（删除锚点工具）：用于从路径中删除锚点。

（5）（转换点工具）：用于将圆角锚点转换为尖角锚点或将尖角锚点转换为圆角锚点。

7.3.1　利用钢笔工具创建路径

1. 使用钢笔工具绘制直线路径

"钢笔工具"是建立路径的基本工具，使用该工具可创建直线路径和曲线路径。下面使用钢笔工具绘制一个六边形，具体操作步骤如下：

（1）新建一个文件，然后选择工具箱上的 （钢笔工具），此时钢笔工具选项栏如图 7-5 所示。

● 橡皮带：选中该复选框后，移动鼠标时光标和刚绘制的锚点之间会有一条动态变化的直线

图 7-5　钢笔工具选项栏

或曲线，表明若在光标处设置锚点会绘制什么样的线条，对绘图起辅助作用，如图 7-6 所示。

● 自动添加删除：选中该复选框，当光标经过线条中部时指针旁会出现加号，此时单击可在曲线上添加一个新的锚点；当光标在锚点附近时指针旁会出现负号，此时单击会删除此锚点。

（2）将光标移到图像窗口，单击确定路径起点，如图 7-7 所示。

（3）将光标移到要建立的第二个锚点的位置上单击，即可绘制连接第二个锚点与开始点的线段，再将鼠标移到第三个锚点的位置单击，结果如图 7-8 所示。

（4）同理，绘制出其他线段，当绘制线段回到开始点时，在光标右下方会出现小圆圈，

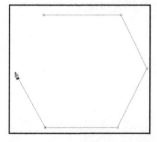

图 7-6　选中"橡皮带"效果

图 7-7　确定路径起点

图 7-8　确定第三个锚点位置

如图 7-9 所示，单击后封闭路径，如图 7-10 所示。

2. 使用钢笔工具绘制曲线路径

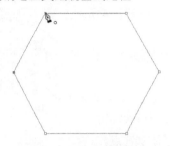 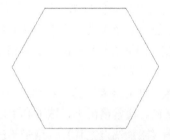

图 7-9　封闭路径标志　　　　　　　　图 7-10　封闭路径效果

使用"钢笔工具"除了可以绘制直线路径外，还可绘制曲线路径，下面使用钢笔工具绘制一个心形，具体操作步骤如下：

（1）选择工具箱上的 ![钢笔工具图标] （钢笔工具），选中工具选项栏中的"橡皮带"复选框。

（2）将光标移到图像窗口，单击确定路径起点。

（3）移动光标，在适当的位置单击，并不松开鼠标进行拖动，此时可在该锚点处出现一条有两个方向点的方向线，如图 7-11 所示，确定其方向后松开鼠标。

（4）同理，继续绘制其他曲线，当光标移到开始点上单击封闭路径，结果如图 7-12 所示。

3. 连接曲线和直线路径

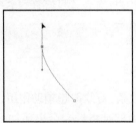 

图 7-11　拉出方向线　　　　　　　　图 7-12　绘制心形

使用"钢笔工具"绘制路径时，常常需要既包括直线段又包括曲线段。将直线和曲线路径进行连接的具体操作步骤如下：

（1）首先绘制一条曲线路径，如图 7-13 所示。

（2）按下〈Alt〉键，单击第二个锚点，此时它的一条方向线消失了，如图 7-14 所示。

（3）在合适的位置单击鼠标，即可创建直线路径，如图 7-15 所示。

（4）按下〈Alt〉键，单击第三个锚点即可出现方向线，如图 7-16 所示。

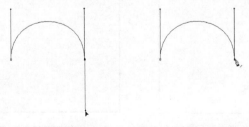 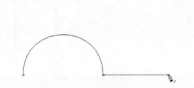

图 7-13　绘制曲线　　　　图 7-14　去除一条方向线　　　　图 7-15　创建直线路径

（5）在合适的位置单击并拖动鼠标，即可重新绘制出曲线，如图 7-17 所示。

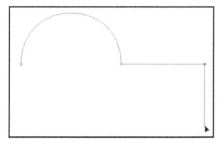
图 7-16　拉出一条方向线

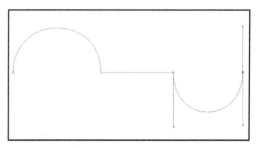
图 7-17　重新绘制曲线

7.3.2　利用自由钢笔工具创建路径

　　"自由钢笔工具"的功能与"钢笔工具"基本相同，但是操作方式略有不同。"钢笔工具"是通过建立锚点而建立路径，"自由钢笔工具"是通过绘制曲线来勾绘路径，它会自动添加锚点。

　　使用自由钢笔工具绘制路径的具体操作步骤如下：

　　（1）打开一个图像文件。

　　（2）选择工具箱中的  （自由钢笔工具），其工具选项栏如图 7-18 所示。

图 7-18　 （自由钢笔工具）工具选项栏

●曲线拟合：用于控制路径圆滑程度，取值范围为 0.5 ～ 10 像素，数值越大，创建的路径锚点越少，路径也越圆滑。

●磁性的：与"磁性套索工具"相似，也是通过选区边缘在指定宽度内的不同像素值的反差来确定路径，差别在于使用磁性钢笔生成的是路径，而"磁性套索工具"生成的是选区。

●钢笔压力：在使用光笔绘图板时才起作用，当选中该复选框时，钢笔压力的增加将导致宽度减小。

　　（3）在图像工作区按下鼠标不放，沿图像的边缘拖动鼠标，此时将会自动生成锚点，结果如图 7-19 所示。

图 7-19　自动生成的锚点

7.3.3　利用"路径"面板创建路径

　　通常用户建立的路径都被系统保存为工作路径，如图 7-20 所示。当用户在"路径"面板空白处单击鼠标取消路径的显示状态后，再次绘制新路径时，该工作路径将被替换，如图 7-21 所示。

为了避免这种情况的发生，在绘制路径前，可以单击"路径"面板下方的 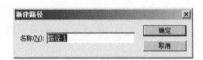 （创建新路径）按钮，创建一个新的路径。然后再使用 （钢笔工具）绘制路径即可。

通常新建的路径被依次命名为"路径 1"、"路径 2"……，如果需要在新建路径时重命名路径，可以按住〈Alt〉键的同时单击"路径"面板下方的 （创建新路径）按钮，此时会弹出"新建路径"对话框，如图 7-22 所示。然后输入所需的名称，单击"确定"按钮，即可创建新的路径。

图 7-20　工作路径

图 7-21　被替换的工作路径

图 7-22　"新建路径"对话框

7.3.4　添加锚点工具

（添加锚点工具）用于在已创建的路径上添加锚点。添加锚点的具体操作步骤如下：

（1）选择工具箱中的 （添加锚点工具）。

（2）将鼠标移到路径上所需添加锚点的位置，如图 7-23 所示。然后单击鼠标左键，即可添加一个锚点，如图 7-24 所示。

图 7-23　将鼠标移到路径上所需添加锚点的位置

图 7-24　添加锚点的效果

7.3.5　删除锚点工具

（删除锚点工具）用于从路径中删除锚点。删除锚点的具体操作步骤如下：

（1）选择工具箱中的 （删除锚点工具）。

（2）将鼠标移动到要删除锚点的位置，如图 7-25 所示。然后单击鼠标左键，即可删除一个锚点，如图 7-26 所示。

图 7-25　将鼠标移动到要删除锚点的位置

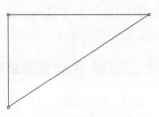

图 7-26　删除锚点的效果

7.3.6　转换点工具

利用 （转换点工具），可以将一个两侧没有控制柄的直线型锚点，如图 7-27 所示，转换为两侧具有控制柄的圆滑锚点，如图 7-28 所示；或将圆滑锚点转换为曲线型锚点。转换锚点的具体操作步骤如下：

图 7-27　直线型锚点　　　　　　　　图 7-28　圆滑锚点

（1）选择工具箱中的 （转换点工具）。

（2）在直线型锚点上按住鼠标左键并拖动，可以将锚点转换为圆滑锚点；反之，在圆滑锚点上单击鼠标，则可以将该锚点转换成直线型锚点。

7.4　选择和变换路径

初步建立的路径往往很难符合要求，此时可以通过调整锚点的位置和属性来进一步调整路径。

7.4.1　选择锚点或路径

1．选择锚点

在对已绘制完成的路径进行编辑操作时，往往需要选择路径中的锚点或整条路径。如果要选择路径中的锚点，只需选择工具箱中的 （直接选择工具），然后在路径锚点处单击或框选即可。此时选中的锚点会变为黑色小正方形；未选中的锚点为空心小正方形，如图 7-29 所示。

图 7-29　选择锚点

> **提示**
>
> 利用 （直接选择工具）选择锚点时，按住〈Shift〉键的同时单击锚点，可以连续选中多个锚点。

2．选择路径

如果在编辑过程中需要选择整条路径，可以选择工具箱中的 （路径选择工具），然后单击要选择的路径即可，此时路径上的全部锚点显示为黑色小正方形。

> **提示**
>
> 如果当前使用的工具为 （直接选择工具），无需切换到 （路径选择工具），只需按住〈Alt〉键的同时单击路径，即可选中整条路径。

7.4.2 移动锚点或路径

1．移动锚点

要改变路径的形状，可以利用 ▶ （直接选择工具）单击锚点，当选中的锚点变为黑色小正方形时，按住鼠标左键拖动锚点即可移动锚点，从而改变路径的形状。

2．移动路径

选择工具箱中的 ▶ （路径选择工具）在要移动的路径上按住鼠标左键并进行拖动，即可移动路径。

7.4.3 变换路径

选中要变换的路径，执行菜单中的"编辑"|"自由变换路径"命令或执行菜单中的"编辑"|"变换路径"子菜单中的命令，即可对当前所选择的路径进行变换操作。

变换路径操作和变换选区操作一样，包括"缩放"、"旋转"、"透视"和"扭曲"等操作。执行变换路径命令后，其工具属性栏如图 7-30 所示。在该工具选项栏中可以重新定义其中的数值，以精确改变路径的形状。

图 7-30　变换路径时的工具选项栏

7.5　应 用 路 径

应用路径包括"填充路径"、"描边路径"、"删除路径"、"剪切路径"、"将路径转换为选区"和"将选区转换为路径"操作。

7.5.1 填充路径

对于封闭的路径，Photoshop CS6 还提供了用指定的颜色、图案、历史记录等对路径所包围的区域进行填充的功能，具体操作步骤如下：

（1）首选选中要编辑的图层。然后在"路径"面板中选中要填充的路径。

（2）单击"路径"面板右上角的小三角按钮，或者按住〈Alt〉键单击"路径"面板下方的 ● （用前景色填充路径）按钮，弹出图 7-31 所示的"填充路径"对话框。

- 使用：设置填充方式，可选择使用前景色、背景色、图案、历史记录等。
- 模式：设置填充的像素与图层原来像素的混合模式，默认为"正常"。
- 不透明度：设置填充像素的不透明度，默认为 100%，即完全不透明。
- 保留透明区域：填充时对图像中的透明区域不进行填充。
- 羽化半径：用于设置羽化边缘的半径，范围是 0 ~ 255 像素。使用羽化会使填充的边缘过渡更为自然。
- 消除锯齿：在填充时消除锯齿状边缘。

（3）此时选择一种图案，羽化半径设为 10 像素，如图 7-32 所示，单击"确定"按钮，结果如图 7-33 所示。

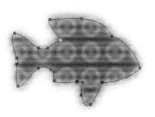

图 7-31 "填充路径"对话框　　　图 7-32 设置填充路径参数　　　图 7-33 填充路径效果

 提示

　　填充路径时，如果当前图层处于隐藏状态，则 ● （用前景色填充路径）按钮会呈不可用状态。

7.5.2 描边路径

　　"描边路径"命令可以沿任何路径创建绘画描边。具体操作步骤如下：

　　（1）选中要编辑的图层，然后在"路径"面板中选中要描边的路径。

　　（2）选择工具箱中的 ☑ （画笔工具），单击"路径"面板右上角的小三角按钮，或者按住〈Alt〉键单击"路径"面板下方的 ○ （用画笔描边路径）按钮，弹出如图 7-34 所示的对话框。

　　● 工具：可在此下拉列表框中选择要使用的描边工具，如图 7-35 所示。

　　● 模拟压力：选中此复选框，则可模拟绘画时笔加压力，起笔是从轻到重，提笔是从重变轻的变化。

　　（3）此时选择"画笔"选项，单击"确定"按钮，结果如图 7-36 所示。

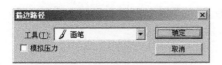

图 7-34 "描边路径"对话框　　　图 7-35 选择描边工具　　　图 7-36 描边后效果

7.5.3 删除路径

　　删除路径的具体操作步骤如下：

　　（1）选中要删除的路径。

　　（2）单击"路径"面板下方的 ■ （删除当前路径）按钮，在弹出的图 7-37 所示的对话框中单击"确定"按钮，即可删除当前路径。

图 7-37 提示信息框

提示

　　按住〈Alt〉键的同时，单击 🗑（删除当前路径）按钮，可以在不出现提示信息框的情况下删除路径。

7.5.4　将路径转换为选区

　　在创建比较复杂的选区，比如将物体从背景图像中抠出来，而物体和周围环境颜色又十分接近，使用魔棒等工具不易选取时，此时可以使用 ✐（钢笔工具）先沿着想要的选区的边缘进行比较精细的绘制，然后可以对路径进行编辑操作，在满意之后，再将其转换为选区。将路径转换为选区的具体操作步骤如下：

　　（1）在"路径"面板中选中要转换为选区的路径，如图 7-38 所示。

　　（2）单击"路径"面板右上角的小三角按钮，从弹出的快捷菜单中选择"建立选区"命令，或者按住键盘上的〈Alt〉键，单击"路径"面板下方的 ▦（将路径作为选区载入）按钮，弹出图 7-39 所示的"建立选区"对话框。

图 7-38　选中要转换为选区的路径　　　　图 7-39　"建立选区"对话框

- 羽化半径：用于设置羽化边缘的半径，范围是 0～255 像素。
- 消除锯齿：用于消除锯齿状边缘。
- 操作：可设置新建选区与原有选区的操作方式。

　　（3）单击"确定"按钮，即可将路径转换为选区，如图 7-40 所示。

7.5.5　将选区转换为路径

　　Photoshop CS6 还可以将选区转换为路径。具体操作步骤如下：

　　（1）选择要转换为路径的选区。

　　（2）单击"路径"面板右上角的小三角按钮，从弹出的快捷菜单中选择"建立工作路径"命令，或者按住〈Alt〉键，单击"路径"面板下方的 ⬡（从选区生成工作路径）按钮，在弹出的对话框中设置参数，如图 7-41 所示，单击"确定"按钮，即可将选区转换为路径。

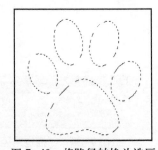

图 7-40　将路径转换为选区

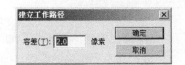

图 7-41　设置"建立工作路径"参数

7.6 创建路径形状

在工具箱中的形状工具上单击右键，将弹出图 7-42 所示的形状工作组。运用这些工具可快速创建矩形、圆角矩形和椭圆等形状图形。下面以绘制矩形为例来讲解一下路径工具的使用方法。

使用  （矩形工具）可以绘制出矩形、正方形的路径或是形状，其选项栏如图 7-43 所示。

图 7-42　形状工作组

图 7-43　矩形工具选项栏

（1） 形状 ：单击此按钮，从下拉列表中有"形状"、"路径"和 "像素"3 种类型可供选择。图 7-44 所示为选择不同类型后的绘制效果。

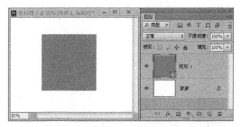

选择"形状"

选择"路径"

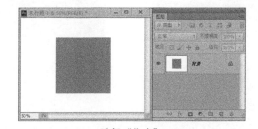

选择"像素"

图 7-44　选择不同类型后的绘制效果

（2）填充：用于设置绘制形状的填充颜色。

（3）描边：用于设置绘制形状的边线颜色。

（4） 3点 ：用于设置绘制形状的边线粗细。

（5） ：用于设置绘制形状的边线类型。

（6）"W：和"H"：用于设置绘制形状的"宽度"和"高度"。

（7） ：用于设置路径的相关操作。单击该按钮，在下拉列表中有 （新建图层）、 （合并图层）、 （减去顶层形状 ）、 （与形状区域相交）、 （排除重叠形状）和 （合并形状组件）6 个选项可供选择。

（8） ：用于设置路径的对齐和分布方式。单击该按钮，在下拉列表中有 （左边）、 （水平居中）、 （右边）、 （顶边）、 （垂直居中）、 （底边）、"对齐到选区"、"对齐到画布"8 种对齐方式以及 （按宽度均匀分布）和 （按高度均匀分布）2 种分布方式可供选择。

（9）：用于设置路径的排列方式。在下拉面板中有"将形状置为顶层"、"将形状前移一层"、"将形状后移一层"和"将形状置为底层"4 个选项可供选择。

（10）：用于设置绘制形状路径的方式。单击该按钮，从下拉面板中有"不受约束"、"定义的比例"、"定义的大小"、"固定大小"和"从中心"5 个选项可供选择。

（11）对齐边缘：使矩形形状边缘对齐。

7.7 实 例 讲 解

本节将通过"照片修复效果"、"音乐海报效果"和"宣传海报效果"3 个实例来讲解路径矢量图形在实践中的应用。

7.7.1 照片修复效果

要点：

本例将去除小孩的脸部的划痕，如图 7-45 所示。通过本例学习应掌握（污点修复画笔工具）和（仿制图章工具）的综合应用。

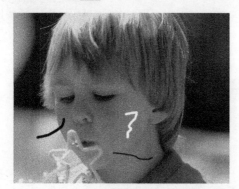 

原图　　　　　　　　　　　　　　　　　　结果图

图 7-45　照片修复

操作步骤：

1．去除人物左脸上的划痕

（1）打开配套光盘"素材及结果 \7.7.1 照片修复效果 \ 原图 .jpg"图片，如图 7-45 左图所示。

（2）去除白色的划痕。方法：选择工具箱中的（污点修复画笔工具），然后在其工具选项栏中设置参数如图 7-46 所示。接着在图 7-47 所示的位置单击并沿要去除的白色划痕拖动鼠标，此时鼠标拖动的轨迹会以深灰色进行显示，如图 7-48 所示。当将要去除的白色划痕全部遮挡住后松开鼠标，即可去除白色的划痕，效果如图 7-49 所示。

图 7-46　设置（污点修复画笔工具）参数

（3）同理，将人物左脸上的另一条划痕去除，结果如图 7-50 所示。

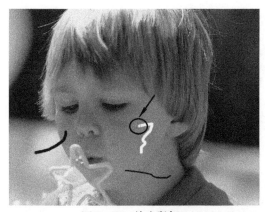

图 7-47　单击鼠标

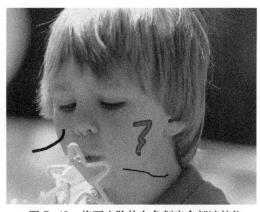

图 7-48　将要去除的白色划痕全部遮挡住

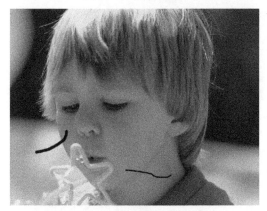

图 7-49　去除白色的划痕效果

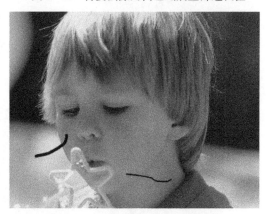

图 7-50　去除蓝色划痕效果

（4）去除人物脖子处的划痕。方法：选择工具箱中的 ![污点修复画笔工具]（污点修复画笔工具），然后在其选项栏中设置参数如图 7-51 所示。接着在图 7-52 所示的位置单击并沿要去除的划痕拖动鼠标，此时鼠标拖动的轨迹会以深灰色进行显示，如图 7-53 所示。当将要去除的划痕全部遮挡住后松开鼠标，即可去除划痕，效果如图 7-54 所示。

图 7-51　设置 ![污点修复画笔工具]（污点修复画笔工具）参数

图 7-52　单击鼠标

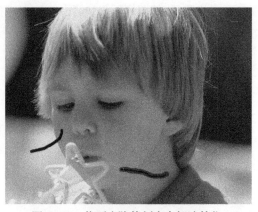

图 7-53　将要去除的划痕全部遮挡住

图 7-54　去除脖子处的划痕效果

2. 去除人物右脸上的划痕

（1）利用工具箱中的 沿脸的轮廓绘制路径，如图 7-55 所示。

（2）在"路径"面板中单击面板下方的 按钮，将路径转换为选区，结果如图 7-56 所示。

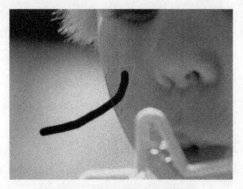

图 7-55　沿脸的轮廓绘制路径

图 7-56　将路径转换为选区

（3）选择工具箱中的 ，按住〈Alt〉键，吸取脸部黑色划痕周围的颜色，然后对脸部黑色划痕进行涂抹，直到将脸部黑色划痕完全修饰掉，结果如图 7-57 所示。

（4）按〈Ctrl+D〉快捷键取消选区，然后在"路径"面板中单击工作路径，从而在图像中重新显示出路径。接着利用工具箱中的 移动路径锚点的位置，如图 7-58 所示。

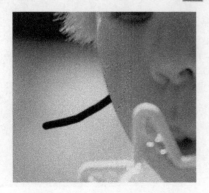

图 7-57　去除右脸上的划痕

图 7-58　调整路径锚点的位置

提示

此时一定不要移动沿脸部轮廓绘制的锚点。

（5）在"路径"面板中单击面板下方的 （将路径作为选区载入）按钮，将路径转换为选区。然后利用工具箱中的 （仿制图章工具），按住〈Alt〉键，吸取黑色划痕周围的颜色。接着松开鼠标，对脸部以外的黑色划痕进行涂抹，直到将黑色划痕完全去除，结果如图 7-59 所示。

（6）按〈Ctrl+D〉快捷键取消选区，然后双击工具箱中的 （抓手工具）满屏显示图像，最终效果如图 7-60 所示。

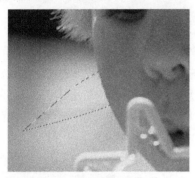
图 7-59　将脸部以外的黑色划痕去除

图 7-60　最终效果

7.7.2　音乐海报效果

 要点：

本例将制作一张音乐海报效果，如图 7-61 所示。通过本例学习应掌握钢笔工具、文本工具和渐变工具的综合应用。

图 7-61　音乐海报效果

 操作步骤：

（1）执行菜单中的"文件"｜"新建"命令，打开"新建"对话框，其中设置如图 7-62 所示，单击"确定"按钮，新创建"音乐海报 .psd"文件。然后，将工具箱中的前景色设置为蓝色（参考色值为 RGB（0，132，180）），按〈Alt+Delete〉快捷键，将图像背景填充为蓝色。

（2）下面先从简单的形状入手，选择工具箱中的 （钢笔工具），在其选项栏内单击 （路径）按钮，沿着画面下部边缘绘制建筑物群外轮廓路径（关于钢笔工具的具体使用方法请参看"7.3 路径的创建和编辑"）。然后，执行菜单中的"窗口"｜"路径"命令调出"路径"面板，将绘制完成的路径存储为"路径1"，如图 7-63 所示。该形状主要以直线路径为主，只在屋顶处有略微的曲线变化。在绘制的过程中，还可以选用工具箱中的 （直接选择工具）调节锚点和两侧的方向线，如图 7-64 所示。

图 7-62　新创建一个文件

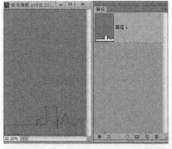

图 7-63　沿着画面下部边缘绘制建筑物群外轮廓路径

（3）在"路径"面板中单击并拖动"路径1"到面板下方的 （将路径作为选区载入）图标上，将路径转换为浮动选区。然后打开"图层"面板，新建"图层1"，将工具箱中的前景色设置为深蓝色（参考色值为 RGB（0，80，126）），按〈Alt+Delete〉快捷键，选区被填充为深蓝色，在画面底端形成剪影的效果，如图 7-65 所示。

图 7-64　调节锚点和两侧的方向线

图 7-65　将建筑物填充为深蓝色，在画面底端形成剪影的效果

（4）画面左侧需要画一个面积较大的话筒图形，也是该海报中的主体图形，先来勾勒出它的外形并填色。方法：选择工具箱中的 （钢笔工具），参照图 7-66 所示形状绘制出闭合路径（存储为"路径2"），此段路径包含大量的曲线，在绘制路径的过程中，当曲线碰到转折时，可按住〈Alt〉键单击锚点将一侧方向线去除，如图 7-67 所示，然后继续向下设置锚点时，可以不受上一条曲线方向的影响，这是绘制曲线路径常用的一个小技巧。

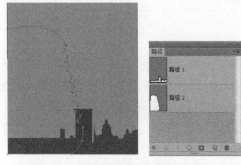

图 7-66　绘制出话筒图形闭合路径

图 7-67　按住〈Alt〉键单击锚点可将一侧方向线去除

（5）"路径 2"首尾闭合之后，在"路径"面板中单击并拖动"路径 2"到面板下方的 ▦（将路径作为选区载入）图标上，将路径转换为浮动选区。

（6）在"图层"面板中新建"图层 2"，然后选择工具箱中的 ▦（渐变工具），在选项栏内单击 ▦ ▾（点按可编辑渐变）按钮，在弹出的"渐变编辑器"对话框中设置从"深蓝—天蓝—淡蓝"的三色渐变，如图 7-68 所示，颜色请读者自己选定，单击"确定"按钮，接下来在话筒图形选区内应用如图 7-69 所示的线性渐变。

图 7-68　在"渐变编辑器"中设置三色渐变

图 7-69　在"图层 2"中应用三色线性渐变

（7）在"图层"面板中新建"图层 3"，选择工具箱中的 ✎（钢笔工具），参照图 7-70 所示形状绘制出两个闭合路径（存储为"路径 3"），将"路径 3"转换为选区后，填充为一种深蓝灰色（参考色值为 RGB（70，120，160）），如图 7-71 所示。

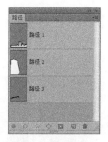

图 7-70　绘制出两个弧形的闭合路径

图 7-71　将"路径 3"转换为选区后，
填充为一种深蓝灰色

（8）在保持选区存在的情况下，选择工具箱中的 ▸⊹（移动工具）按住〈Alt〉键向左上方拖动鼠标，将条状图形复制出一份。同理，继续复制并依照图 7-72 所示效果向上平行排列，形成话筒上的棱状起伏。

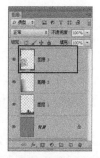

图 7-72　将条状图形复制并平行排列，形成话筒上的棱状起伏

提示

所有复制出的条状图形都位于"图层3"上。

（9）在话筒的底部区域再绘制出如图 7-73 所示的曲线路径（存储为"路径4"），单击"路径"面板右上角弹出菜单中的"填充路径"项，如图 7-74 所示，打开如图 7-75 所示"填充路径"对话框，在其中可以设置由路径直接填充颜色的参数，而不需要再转换为选区。单击"确定"按钮后，路径中被自动填充为深蓝灰色（参考色值为 RGB（70，120，160）），如图 7-76 所示。

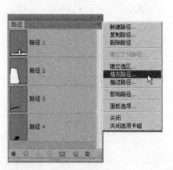

图 7-73　在话筒的底部区域绘制出曲线路径　　图 7-74　单击"路径"面板弹出菜单中"填充路径"项

（10）同理，再添加顶部图形并填充为深蓝灰色（此处不再赘述），效果如图 7-77 所示，从而使话筒变得饱满而富有立体感。

图 7-75　在"填充路径"　　　　图 7-76　话筒底部图形　　　　图 7-77　顶部图形
　　对话框中设置参数　　　　　　　填色后的效果　　　　　　　添加后的效果

（11）在"图层"面板中新建"图层5"和"图层6"，利用 （钢笔工具）绘制出如图 7-78 所示纵向长条，要将"图层5"和"图层6"置于"图层3"下面，到此为止，一个简单的话筒图形绘制完成。

（12）执行菜单中的"文件"｜"打开"命令，打开图 7-79 所示的配套光盘中"素材及结果 \7.7.2 音乐海报效果 \ 爵士乐手轮廓 .tif"文件。然后打开"路径"面板，该文件中已事先保存了一个爵士乐手的剪影路径，接着利用工具箱中的 （路径选择工具）将画面中的路径人形全部圈选中，再直接拖入"音乐海报 .psd"文件之中，如图 7-80 所示。最后按〈Ctrl+T〉快捷键应用"自由变换"命令，按住〈Shift〉键拖动控制框边角的手柄，使路径进行等比例缩放并将其移动到如图 7-81 所示画面位置。

图 7-78　一个概括的话筒图形绘制完成

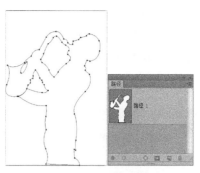

图 7-79　爵士乐手轮廓 .tif

图 7-80　将路径人形拖入"音乐海报 .psd"文件之中

图 7-81　调整路径大小和位置

（13）在"图层"面板中新建"图层 7"，将"图层 7"移到"图层 1"下面。然后单击"路径"面板右上角弹出菜单中的"填充路径"项，将路径中直接填充为一种蓝灰色（参考色值为 RGB（0，120，162）），爵士乐手以剪影的形式映在背景天空之中，效果如图 7-82 所示。

（14）下面制作从画面底端城市中放射出的光柱效果。方法：新建"图层 8"，利用 （钢笔工具）绘制出如图 7-83 所示闭合路径，作为放射型光线的光柱外形。然后，在"路径"面板中单击并拖动光柱路径到下方的 （将路径作为选区载入）图标上，将路径转换为浮动选区。

图 7-82　新建"图层 7"，填充路径

图 7-83　绘制放射型光线的闭合路径

（15）选中工具箱中的▣（渐变工具），在选项栏内单击▬▬▬▼（点按可编辑渐变）按钮，在弹出的"渐变编辑器"对话框中设置从"黄色—透明"的渐变，如图 7-84 所示，单击"确定"按钮。然后在选项栏内将"不透明度"设置为 30%，接着由下及上在光柱图形选区内应用如图 7-85 所示的线性渐变。黄色的光线从城市中射向夜空，逐渐消失在深蓝的背景色里。

图 7-84　在"渐变编辑器"中设置渐变颜色　　　　　图 7-85　黄色的光线从城市中射向夜空

（16）在"图层 8"中再绘制出两条逐渐变窄的光柱图形，填充相同的渐变。半透明的渐变图形重叠形成了光线逐渐扩散的效果，如图 7-86 所示。接下来，将"图层 8"复制一份，按〈Ctrl+T〉快捷键应用"自由变换"命令，拖动图形逆时针旋转一定角度并将其移动到如图 7-87 所示画面位置，形成一条倾斜放射状的光柱。

 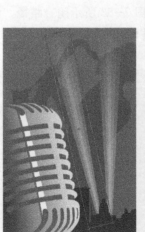 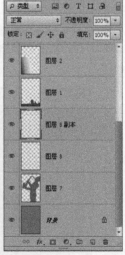

图 7-86　再绘制两条稍窄的　　　　　　　　　　图 7-87　将"图层 8"复制一份
　　　　光柱图形并填充渐变　　　　　　　　　　　　　　并旋转一定角度

（17）最后一步，添加海报的标题文字，该海报的文字被设计为沿弧形排列的形式，需要先输入文字，再进行曲线变形。方法：选择工具箱中的 T（横排文字工具），单击操作窗口的中央位置输入文字"Music Festival"，分两行错开排列。然后执行菜单中的"窗口"｜"字符"命令，调出"字符"面板，在其中设置"字体"为"Arial Black"，"字体大小"为48pt、"行距"为45pt，效果如图7-88所示。

图 7-88　输入文字分两行错开排列

（18）在文本工具的选项栏内单击 工（创建文字变形）按钮，在弹出的"变形文字"对话框中设置参数，如图7-89所示，在"样式"下拉列表框中选择"扇形"，这种变形方式可以让文字沿扇形的曲面进行排列，单击"确定"按钮，得到如图7-90所示效果。

图 7-89　"变形文字"对话框中设置变形参数

图 7-90　文字沿扇形的曲面进行排列

（19）下面继续进行文字的艺术化处理，填充渐变并添加投影。方法：点中文本层，单击"图层"面板下部 fx.（添加图层样式）按钮，在弹出式菜单中选择"渐变叠加"项，然后在弹出的"图层样式"对话框中设置如图7-91所示的参数（渐变色为"浅蓝—白色"的线性渐变）。接着在对话框左侧列表中选中"投影"项，设置如图7-92所示的参数。最后，单击"确定"按钮，标题文字效果如图7-93所示。

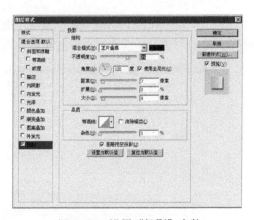

图 7-91　设置"渐变叠加"参数

图 7-92　设置"投影"参数

至此，这张音乐节海报制作完成，因为海报图形中包含了丰富的直线与曲线形，读者可以在制作过程中全面地了解与熟悉 Photoshop 强大的路径功能。最后的效果如图 7-94 所示。

图 7-93　标题文字效果

图 7-94　最后完成的效果图

7.7.3　宣传海报效果

 要点：

　　本例将制作猎豹穿越画面的效果，如图 7-95 所示。通过本例的学习，读者应掌握钢笔工具绘制路径、加深减淡工具、选区工具和动感模糊滤镜的综合应用。

风景

豹子

结果图

图 7-95　金钱豹穿越效果

 操作步骤：

　　（1）执行菜单中的"文件"|"新建"命令，在弹出的对话框中设置参数，如图 7-96 所示，然后单击"确定"按钮。

　　（2）将前景色设为灰色（RGB（150，150，150）），背景色设成白色（RGB（255，255，255）），然后选择工具箱中的 （渐变工具），渐变类型为 （线性渐变），渐变色为前景色到背景色，接着从画面的右上角画到左下角进行渐变，结果如图 7-97 所示。

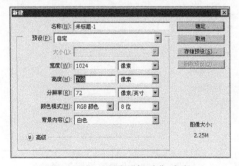

图 7-96　设置"新建"参数

图 7-97　线性渐变后的效果

（3）进入"路径"面板，单击"路径"面板下方的 ▣ （创建新路径）按钮，建立了一个工作路径，然后双击工作路径名称，将该路径命名为"翻边"。接着选择工具箱中的 ✎ （钢笔工具），类型选择 路径，在图中画出路径，并通过 ▸ （直接选择工具）适当调整路径，使其成纸的翻边状，结果如图 7-98 所示。此时，"路径"面板如图 7-99 所示。

图 7-98 绘制翻边状路径

图 7-99 "路径"面板的分布

（4）将路径命名为"翻边"。然后单击"路径"面板上的 ▨ （将路径作为选区载入）按钮，并且单击"路径"面板上的"翻边"路径以外的灰色区域，以便使路径不显示。此时，路径如图 7-100 所示，"翻边"路径层为灰色，结果显示如图 7-101 所示。

图 7-100 "路径"面板

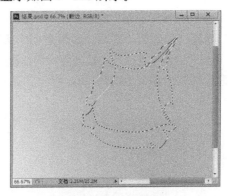

图 7-101 显示效果

（5）进入"图层"面板，新建"翻边"图层，如图 7-102 所示。

（6）将前景色设置成 25% 的灰度，按〈Alt+Delete〉快捷键进行前景色填充，画面如图 7-103 所示。按快捷键〈Ctrl+D〉取消选择。

图 7-102 新建"翻边"图层

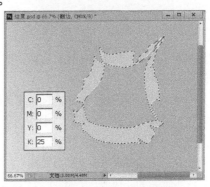

图 7-103 用 25% 的灰度填充

（7）新建路径，并将其命名为"内阴影"，然后使用 （钢笔工具）绘制出路径，如图 7-104 所示。此时，"路径"面板显示如图 7-105 所示。

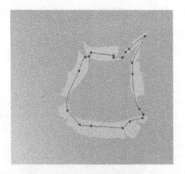

图 7-104　绘制路径

图 7-105　"路径"面板分布

提示

边缘不必详细，只要能盖过翻边就可以了。

（8）单击"路径"面板下方的 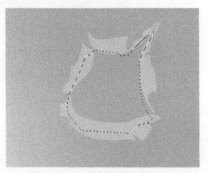（将路径作为选区载入）按钮，并且单击"路径"面板上的"内阴影"路径以外的灰色区域，以便使路径不显示，结果如图 7-106 所示。

（9）新建"内阴影"图层，如图 7-107 所示。然后将前景色设置为 RGB (60, 110, 130)，接着按快捷键〈Alt+Delete〉进行前景色填充，结果如图 7-108 所示。最后按快捷键〈Ctrl+D〉取消选择。

图 7-106　将路径作为选区载入

图 7-107　新建"内阴影"图层

图 7-108　用前景色填充

（10）选择"翻边"图层，使用工具箱中的 （加深工具）和 （减淡工具），在翻边上涂抹，结果如图 7-109 所示。

（11）同理，在"内阴影"图层的翻边上涂抹，结果如图 7-110 所示。

（12）执行菜单中的"文件"|"打开"命令，打开"素材及结果 \7.7.3　宣传海报效果 \风景 .jpg"文件，如图 7-95 左图所示。

（13）选择工具箱中的 （移动工具），将风景图片拖动到画面上合适的位置，如图 7-111 所示。然后将其命名为"风景"，此时，"风景"图层在"图层"面板中的位置如图 7-112 所示。

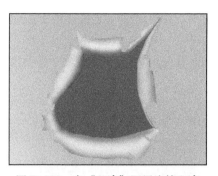

图 7-109 在"翻边"图层涂抹翻边

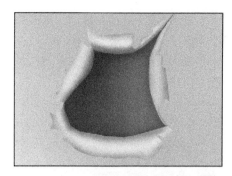

图 7-110 在"内阴影"图层的翻边上进行涂抹

图 7-111 将风景图片拖动到画面上合适的位置

图 7-112 "图层"面板分布

（14）按住〈Ctrl〉键单击"内阴影"图层，从而载入该图层的选区，然后按快捷键〈Ctrl+Shift+I〉，反选选区，接着按〈Delete〉键，将选区以外的部分删除，结果如图 7-113 所示。

（15）现在将"内阴影"图层拖动到"风景"图层的上方，并且将其图层混合模式更改为"叠加"，如图 7-114 所示，从而将画面的风景增加了"阴影"效果，如图 7-115 所示。

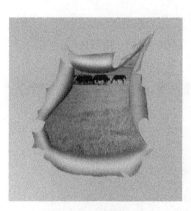

图 7-113 将选区以外
的部分删除

图 7-114 将图层混合
模式更改为"叠加"

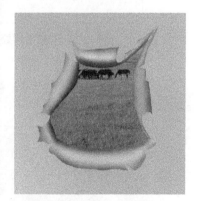

图 7-115 增加的
阴影效果

（16）执行菜单中的"文件"|"打开"命令，打开"素材及结果 \7.7.3 宣传海报效果 \豹子 .jpg"文件，如图 7-95 中图所示。

（17）选择 ⌂（钢笔工具），将猎豹的轮廓画出来，并使用 ⌂（直接选择工具）进行适当调整，如图7-116所示。

（18）单击"路径"面板下方的 ⌂（将路径作为选区载入）按钮，从而将路径转换为选区，结果如图7-117所示。

图7-116　绘制出猎豹的轮廓

图7-117　将路径转换为选区

（19）按快捷键〈Ctrl+C〉进行复制，然后回到刚才的画面上，按快捷键〈Ctrl+V〉进行粘贴，结果如图7-118所示。接着将"猎豹"图层的名称更改为"豹子"，此时，图层分布如图7-119所示。

图7-118　粘贴后的效果

图7-119　图层分布

（20）执行菜单中的"编辑"|"变换"|"水平翻转"命令，结果如图7-120所示。

（21）按快捷键〈Ctrl+T〉，将猎豹的图片放大，然后使用 ⌂（移动工具）将其移动到合适的位置，结果如图7-121所示。

图7-120　水平翻转后的效果

图7-121　将猎豹放大并放置到适当的位置

（22）制作猎豹的幻影效果。方法：将"豹子"图层拖动到 （创建新图层）按钮上多次，从而复制出多个"豹子"图层。然后分别改变这些图层的不透明度，并且利用 （移动工具）将其拖动到合适的位置，此时，图层如图 7-122 所示。结果如图 7-123 所示。

图 7-122　图层分布　　　　　　图 7-123　复制图层并调整不透明度效果

（23）确定当前图层为"豹子　副本 3"，按住〈Ctrl〉键单击"内阴影"图层，从而载入它的选区，如图 7-124 所示。

（24）制作猎豹的穿越效果。方法：按快捷键〈Ctrl+Shift+I〉反选选区，然后选择工具箱中的 （橡皮擦工具），擦除豹子选区以外的后半部分，结果如图 7-125 所示。接着按快捷键〈Ctrl+D〉取消选区。

（25）拖动图层"豹子　副本 3"到 （创建新图层）按钮上，从而得到一个新图层，然后将其命名为"模糊"，并将其图层拖动到"豹子"图层的下面，如图 7-126 所示。

（26）执行菜单中的"滤镜"|"模糊"|"动感模糊"命令，在弹出的对话框中设置参数，如图 7-127 所示，单击"确定"按钮，结果如图 7-128 所示。

图 7-124　载入"内阴影"图层选区　　　　图 7-125　擦除豹子选区以外的后半部分

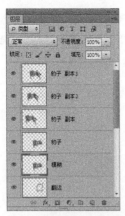 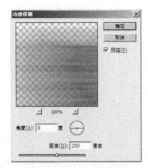 

图 7-126 新建"模糊"图层 图 7-127 设置"动感模糊"参数 图 7-128 "动感模糊"效果

（27）最后加入文字和一些装饰性线条，最终效果如图 7-129 所示。

图 7-129 最终效果

7.8 课后练习

1．填空题

（1）使用_____功能输出的图像插入到 InDesign 等排版软件中，路径之内的图像会被输出而路径之外的区域不进行输出。

（2）路径工作组包括_____、_____、_____、_____和_____5 种工具。

2．选择题

（1）在单击▓（将路径作为选区载入）按钮的时候，按住（　　）键，可以弹出"建立选区"对话框。

A．Alt B．Ctrl C．Shift D．Ctrl+Shift

（2）在使用的 ✍（钢笔工具）时，按住（　　）键可切换到 ▶（直接选择工具），此时选中路径片断或者锚点后可以直接调整路径。

A．Alt B．Ctrl C．Shift D．Ctrl+Shift

3. 问答题 / 上机题

(1) 简述剪贴路径的使用方法。

(2) 练习 1：利用配套光盘中"课后练习 \7.8 课后练习 \ 练习 1\ 原图 .jpg"图片，如图 7-130 所示，制作出图 7-131 所示的艺术相框效果。

图 7-130 原图   图 7-131 结果图

(3)练习 2：利用配套光盘中"课后练习 \7.8 课后练习 \ 练习 2\ 原图 1.jpg"和"原图 2.jpg"图片，如图 7-132 所示，制作出图 7-133 所示的翻页效果。

图 7-132 素材图   图 7-133 结果图

第 8 章

滤　镜

滤镜是 Photoshop 最重要的功能之一，使用滤镜可以很容易地创建出非常专业的效果。滤镜的功能虽然强大，使用方法却非常简单。Photoshop 中的所有滤镜名称都列在滤镜菜单的各个子菜单中，使用这些命令即可启动相应的滤镜功能。通过本章学习应掌握以下内容：

- 直接使用滤镜
- 在单独的滤镜对话框中应用滤镜
- 使用滤镜库
- Photoshop CS6 普通滤镜的使用
- Photoshop CS6 特殊滤镜的使用

8.1　直接应用滤镜

如果滤镜命令后没有符号"…"，表示该滤镜不需要进行任何参数设置，使用这种滤镜时，系统会直接将滤镜效果应用到当前图层中，而不会出现任何对话框。

8.2　在单独的滤镜对话框中应用滤镜

如果滤镜命令后有符号"…"，表示在使用滤镜时，系统会弹出一个对话框，并要求设置一些选项和参数。其中某些滤镜会弹出下一节将要介绍的"滤镜库"，在其中可以设置一系列的滤镜效果，而其余的则会弹出单独的滤镜选项对话框，用户可在对话框中设置该滤镜的选项和参数。

8.3　使用滤镜库

使用"滤镜库"可以在同一个对话框中添加并调整一个或多个滤镜，并按照从下往上的顺序应用滤镜效果，"滤镜库"的最大特点就是在应用和修改多个滤镜时，效果非常直观，修改非常方便。下面就具体讲解"滤镜库"的功能及其应用。

8.3.1 认识滤镜库

执行菜单中的"滤镜"|"滤镜库"命令，弹出图8-1所示的对话框。从该对话框中可以看出，滤镜库只是将众多的（并不是所有的）滤镜集合到该对话框中，通过打开某一个滤镜序列并单击相应命令的缩略图，即可对当前图像应用该滤镜，应用该滤镜后的效果将显示在左侧"预览区"中。

图 8-1 "滤镜库"对话框

"滤镜库"对话框中各个区域的作用如下：

1. 预览区

在该区域中显示添加当前滤镜后的图像效果。当鼠标放置到该区域时，鼠标指针会自动变为 🖐 （抓手工具），此时按住并拖动鼠标，可以查看图像的其他部分。

按住〈Ctrl〉键，🖐 （抓手工具）会切换为 🔍 （放大工具），此时在预览区单击，即可放大图像的显示；按住〈Alt〉键，🖐 （抓手工具）会切换为 🔍 （缩小工具），此时在预览区单击，即可缩小图像的显示。

2. 滤镜选择区

该区域中显示的是已经被集成的滤镜，单击各滤镜序列的名称即可将其展开，并显示出该序列中包含的滤镜命令，单击相应命令的缩略图即可应用该滤镜。

单击滤镜选择区右上角的 ⌃ 按钮，可以隐藏该区域，以扩大预览区，从而更加明确地观看应用滤镜后的效果。再次单击该按钮，可重新显示滤镜选择区。

3. 参数设置区

在该区域中可以设置当前已选命令的参数。

4. 显示比例区

在该区域中可以调整预览区中图像的显示比例。

5. 滤镜控制区

这是"滤镜库"命令的一大亮点，正是由于有了该区域所支持的功能，才使得用户可以在一个对话框中对图像同时应用多个滤镜，并将添加的滤镜效果叠加起来，而且还可以像在"图层"面板中修改图层的顺序那样调整各个滤镜层的顺序。

8.3.2 滤镜库的应用

在滤镜库中选择一种滤镜，滤镜控制区将显示该滤镜，单击滤镜控制区下方的 （新建效果图层）按钮，将新添加一种滤镜。

1. 多次应用同一滤镜

通过在滤镜库中多次应用同样的滤镜，可以增加滤镜对图像的作用效果，使滤镜效果更加显著。图 8-2 所示为应用一次和多次滤镜的效果比较。

 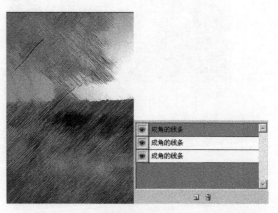

应用一次滤镜效果　　　　　　　　　　　　　　应用多次滤镜效果

图 8-2　应用一次和多次滤镜的效果比较

2. 应用多个不同滤镜

如果要在滤镜库中应用多个不同的滤镜，可以在滤镜控制区中单击滤镜的名称，然后单击滤镜控制区下方的 （新建效果图层）按钮，新添加一种滤镜。接着在滤镜选择区中单击要应用的滤镜命令，即可将当前选中的滤镜修改为新的滤镜。图 8-3 所示为同时应用多个不同滤镜的效果。

3. 调整滤镜顺序

滤镜效果列表中的滤镜顺序决定了当前图像的最终效果，因此当这些滤镜的应用顺序发生变化时，最终得到的图像效果也会发生变化。图 8-4 所示为改变滤镜顺序后的效果。

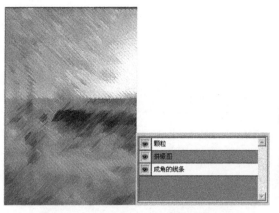
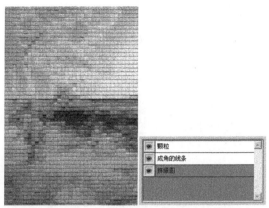

图 8-3　同时应用多个不同滤镜的效果　　　　　图 8-4　改变滤镜顺序后的效果

8.4　使用 Photoshop CS6 普通滤镜

Photoshop CS6 内置了"风格化"、"模糊"、"扭曲"、"锐化"、"视频"、"像素化"、"渲染"、"杂色"、"其他"和 Digimarc 等 10 种普通滤镜，分别位于"滤镜"菜单下的 10 个子菜单中，下面就来具体讲解这些滤镜的效果。

8.4.1　"风格化"滤镜组

"风格化"滤镜组通过置换像素和查找并增加图像的对比度，在选区中生成绘画或印象派的效果。该类别滤镜命令位于"滤镜"菜单的"风格化"子菜单中，包括 7 种滤镜。另外还有 1 种"照亮边缘"滤镜可以在滤镜库中使用。下面介绍常用的几种。

1. 查找边缘

"查找边缘"滤镜可以查找并用黑色线条勾勒图像的边缘。该滤镜没有选项对话框。图 8-5 所示为执行菜单中的"滤镜"|"风格化"|"查找边缘"命令前后的效果比较。

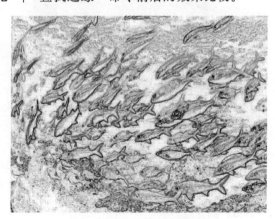

执行"查找边缘"命令前　　　　　　　　执行"查找边缘"命令后

图 8-5　执行"查找边缘"命令前后的效果比较

2．风

"风"滤镜用于模拟风吹的效果。图 8-6 所示为执行菜单中的"滤镜"｜"风格化"｜"风"命令前后的效果比较。

执行"风"命令前 执行"风"命令后

图 8-6 执行"风"命令前后的效果比较

3．浮雕效果

"浮雕效果"滤镜通过勾画图像或选区的轮廓和降低周围色值来产生浮雕效果。图 8-7 所示为执行菜单中的"滤镜"｜"风格化"｜"浮雕效果"命令前后的效果比较。

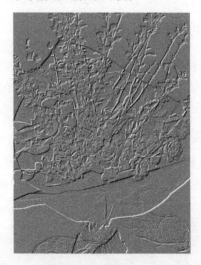

执行"浮雕效果"命令前 执行"浮雕效果"命令后

图 8-7 执行"浮雕效果"命令前后的效果比较

4．拼贴

"拼贴"滤镜可以将图像分解为多个拼贴块，并使每块拼贴作一定偏移。图 8-8 所示为执行菜单中的"滤镜"｜"风格化"｜"拼贴"命令前后的效果比较。

5．曝光过度

"曝光过度"滤镜用于模拟在显影过程中将照片短暂曝光的效果。该滤镜没有选项对话框。图 8-9 所示为执行菜单中的"滤镜"｜"风格化"｜"曝光过度"命令前后的效果比较。

执行"拼贴"命令前 执行"拼贴"命令后

图 8-8 执行"拼贴"命令前后的效果比较

曝光过度前 曝光过度后

图 8-9 执行"曝光过度"命令前后的效果比较

8.4.2 "模糊"滤镜组

"模糊"滤镜组用于柔化图像,该类别滤镜命令位于"滤镜"菜单的"模糊"子菜单中,包括 14 种滤镜,全部都不可以在滤镜库中使用。下面就来介绍常用的几种。

1. 光圈模糊

"光圈模糊"滤镜是 Photoshop CS6 新增的滤镜,该滤镜可以通过添加不同的控制点并设置每个点作用的模糊强度来控制景深的特效,从而制作有层次的自然的大光圈镜头景深效果。图 8-10 所示为执行菜单中的"滤镜"|"模糊"|"光圈模糊"命令前后的效果比较。

光圈模糊前 光圈模糊调整区域 光圈模糊后

图 8-10 执行"光圈模糊"命令前后的效果比较

2．倾斜偏移

　　"倾斜偏移"滤镜也是Photoshop CS6新增的滤镜。该滤镜用于模拟移轴镜头的虚化效果。"光圈模糊"滤镜与"倾斜偏移"滤镜其实本质上并没有什么差别，只是可以控制的区域由椭圆形变成了平行线。中央圆圈上下共4条直线定义了从清晰（原图）到模糊区的过渡范围，同样可以改变模糊的程度。图8-11所示为执行菜单中的"滤镜"|"模糊"|"倾斜偏移"命令前后的效果比较。

倾斜偏移前　　　　　　　　　　倾斜偏移调整区域　　　　　　　　　　倾斜偏移后

图8-11　执行"倾斜偏移"命令前后的效果比较

3．动感模糊

　　"动感模糊"滤镜类似于给移动物体拍照。图8-12所示为执行菜单中的"滤镜"|"模糊"|"动感模糊"命令前后的效果比较。

动感模糊前　　　　　　　　　　　　　　　　　动感模糊后

图8-12　执行"动感模糊"命令前后的效果比较

4．高斯模糊

　　"高斯模糊"滤镜可利用高斯曲线的分布模式，有选择地模糊图像。图8-13所示为执行菜单中的"滤镜"|"模糊"|"高斯模糊"命令前后的效果比较。

5．径向模糊

　　"径向模糊"滤镜是一种比较特殊的模糊滤镜，它可以将图像围绕一个指定的圆心，沿着圆的圆周或半径方向模糊产生模糊效果。图8-14所示为执行菜单中的"滤镜"|"模糊"|"径向模糊"命令前后的效果比较。

高斯模糊前　　　　　　　　　　　　　高斯模糊后

图 8-13　执行"高斯模糊"命令前后的效果比较

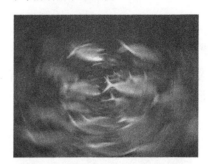

径向模糊前　　　　　　　　　　　　　径向模糊后

图 8-14　执行"径向模糊"命令前后的效果比较

8.4.3　"扭曲"滤镜组

"扭曲"滤镜组可以将图像进行各种几何扭曲，该类别滤镜命令位于"滤镜"菜单的"扭曲"子菜单中，包括 9 种滤镜。另外还有"玻璃"、"扩散亮光"和"海洋波纹" 3 种滤镜可以在滤镜库中使用。下面介绍常用的几种。

1．波浪

"波浪"滤镜可以按照指定类型、波长和波幅的波来扭曲图像。图 8-15 所示为执行菜单中的"滤镜"|"扭曲"|"波浪"命令前后的效果比较。

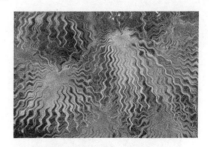

执行"波浪"命令前　　　　　　　　　　执行"波浪"命令后

图 8-15　执行"波浪"命令前后的效果比较

2．玻璃

"玻璃"滤镜用于模拟透过各种类型的玻璃观看图像的效果。图 8-16 所示为执行菜单中的"滤镜"｜"扭曲"｜"玻璃"命令前后的效果比较。

执行"玻璃"命令前　　　　　　　　　　　执行"玻璃"命令后

图 8-16　执行"玻璃"命令前后的效果比较

3．极坐标

"极坐标"滤镜可以将图像由平面坐标系统转换为极坐标系统，或是从极坐标系统转换为平面坐标系统。图 8-17 所示为执行菜单中的"滤镜"｜"扭曲"｜"极坐标"命令前后的效果比较。

执行"极坐标"命令前　　　　　　　　　　执行"极坐标"命令后

图 8-17　执行"极坐标"命令前后的效果比较

4．挤压

"挤压"滤镜可以向中心或四周挤压图像。图 8-18 所示为执行菜单中的"滤镜"｜"扭曲"｜"挤压"命令前后的效果比较。

挤压前　　　　　　　　　　　　　　　挤压后

图 8-18　执行"挤压"命令前后的效果比较

5. 球面化

"球面化"滤镜可以将图像沿球形、圆管的表面凸起或凹下，从而使图像具有三维效果。图 8-19 所示为执行菜单中的"滤镜"|"扭曲"|"球面化"命令前后的效果比较。

球面化前   球面化后

图 8-19　执行"球面化"命令前后的效果比较

8.4.4 "锐化"滤镜组

"锐化"滤镜组可以增加相邻像素的对比度，以聚焦模糊的图像。该类别滤镜命令位于"滤镜"菜单的"锐化"子菜单中，包括 5 种滤镜，全部都不可以在滤镜库中使用。下面介绍常用的几种。

1. USM 锐化

"USM 锐化"滤镜可以根据用户指定的选项来锐化图像。图 8-20 所示为执行菜单中的"滤镜"|"锐化"|"USM 锐化"命令前后的效果比较。

USM 锐化前   USM 锐化后

图 8-20　执行"USM 锐化"命令前后的效果比较

2. 智能锐化

"智能锐化"滤镜可精确调节锐化的各种参数。图 8-21 所示为执行菜单中的"滤镜"|"锐化"|"智能锐化"命令前后的效果比较。

智能锐化前   智能锐化后

图 8-21　执行"智能锐化"命令前后的效果比较

8.4.5 "视频"滤镜组

"视频"滤镜组用于视频图像的输入和输出，该类别滤镜位于"滤镜"菜单下的"视频"子菜单中，包括"NTSC 颜色"和"逐行"滤镜。

"NTSC 颜色"滤镜可以将图像中不能显示在普通电视机上的颜色转换为最接近的可以显示的颜色。

"逐行"滤镜可以将视频图像中的奇数或偶数行线移除，使从视频捕捉的图像变得平滑。

8.4.6 "像素化"滤镜组

该类别滤镜命令位于"滤镜"菜单的"像素化"子菜单中，包括 7 种滤镜。下面就来介绍常用的几种。

1. 彩色半调

"彩色半调"滤镜用于模拟在图像的每个通道上使用放大的半调网屏的效果。图 8-22 所示为执行菜单中的"滤镜"|"像素化"|"彩色半调"命令前后的效果比较。

 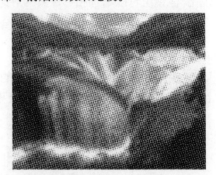

执行"彩色半调"命令前　　　　　　　　　　执行"彩色半调"命令后

图 8-22　执行"彩色半调"命令前后的效果比较

2. 晶格化

"晶格化"滤镜用于模拟图像中像素结晶的效果。图 8-23 所示为执行菜单中的"滤镜"|"像素化"|"晶格化"命令前后的效果比较。

执行"晶格化"命令前　　　　　　　　　　执行"晶格化"命令后

图 8-23　执行"晶格化"命令前后的效果比较

3．马赛克

"马赛克"滤镜用于模拟马赛克拼出图像的效果。图 8-24 所示为执行菜单中的"滤镜"|"像素化"|"马赛克"命令前后的效果比较。

马赛克前　　　　　　　　　　　　　　　　马赛克后

图 8-24　执行"马赛克"命令前后的效果比较

8.4.7　"渲染"滤镜组

"渲染"滤镜组位于"滤镜"菜单下的"渲染"子菜单中，包括 4 种滤镜。下面分别进行介绍。

1．云彩

"云彩"滤镜可以使用位于前景色和背景色之间的颜色随机生成云彩状图案，并填充到当前选区或图像中。该滤镜没有选项对话框。图 8-25 所示为执行菜单中的"滤镜"|"渲染"|"云彩"命令前后的效果比较。

执行"云彩"命令前　　　　　　　　　　　　执行"云彩"命令后

图 8-25　执行"云彩"命令的前后效果比较

2．分层云彩

"分层云彩"滤镜的作用与"云彩"滤镜类似，区别在于"云彩"滤镜生成的云彩图案将替换图像中的原有图案，而"分层云彩"滤镜生成的云彩图案将按"插值"模式与原有图像混合。

3．纤维

"纤维"滤镜可以使用当前的前景色和背景色生成一种类似于纤维的纹理效果。图 8-26 所示为对一幅白色背景的图像执行菜单中的"滤镜"|"渲染"|"纤维"命令后的效果。

图 8-26 执行"纤维"命令后的效果

4．镜头光晕

"镜头光晕"滤镜可以在图像中模拟照相时的光晕效果。图 8-27 所示为执行菜单中的"滤镜"|"渲染"|"镜头光晕"命令前后的效果比较。

执行"镜头光晕"命令前　　　　　　　　　　执行"镜头光晕"命令后

图 8-27　执行"镜头光晕"命令前后的效果比较

8.4.8　"杂色"滤镜组

"杂色"滤镜组用于向图像中添加杂色，或是从图像中移去杂色，该类别滤镜命令位于"滤镜"菜单的"杂色"子菜单中，包括 5 种滤镜，全部都不可以在滤镜库中使用。下面介绍常用的几种。

1．减少杂色

"减少杂色"滤镜用于去除图像中的杂色。图 8-28 所示为执行菜单中的"滤镜"|"杂色"|"减少杂色"命令前后的效果比较。

减少杂色前　　　　　　　　　　　　　　减少杂色后

图 8-28　执行"减少杂色"命令的前后效果比较

2．添加杂色

"添加杂色"滤镜会在图像上随机添加一些杂点，也可用来减少羽化选区或渐变填充中的色带。图 8-29 所示为执行菜单中的"滤镜"|"杂色"|"添加杂色"命令前后的效果比较。

添加杂色前 添加杂色后

图 8-29 执行"添加杂色"命令前后的效果比较

8.4.9 "其他"滤镜

"其他"滤镜组位于"滤镜"菜单的"其他"子菜单中，包括 5 种滤镜。下面就来介绍常用的几种。

1．位移

"位移"滤镜可以将图像移动指定的水平量或垂直量。图 8-30 所示为执行菜单中的"滤镜"|"其他"|"位移"命令前后的效果比较。

位移前 位移后

图 8-30 执行"位移"命令前后的效果比较

2．最大值

"最大值"滤镜可以用指定半径范围内的像素的最大亮度替换当前像素的亮度值，从而扩大高光区域。图 8-31 所示为执行菜单中的"滤镜"|"其他"|"最大值"命令前后的效果比较。

3．最小值

"最小值"滤镜可以用指定半径范围内的像素的最小亮度值替换当前像素的亮度值，从而缩小高光区域，扩大暗调区域。图 8-32 所示为执行菜单中的"滤镜"|"其他"|"最小值"命令前后的效果比较。

最大值前   最大值后

图 8-31 执行"最大值"命令的前后效果比较图

最小值前   最小值后

图 8-32 执行"最小值"命令前后的效果比较

8.4.10 Digimarc 滤镜

与其他滤镜组不同，"Digimarc 滤镜"组的功能并不是通过某种特技效果来处理图像，而是将数字水印嵌入到图像中以储存著作权信息，或是从图像中读出已嵌入的著作权信息。该类别滤镜命令位于"滤镜"菜单下的"Digimarc"子菜单中，包括"读取水印"和"嵌入水印"。

使用"嵌入水印"滤镜可以将著作权信息以数字水印的形式添加到 Photoshop 图像中，数字水印的实质是添加到图像中的杂色，通常人眼看不到这种水印。如果图像中已存在水印，可以通过"读取水印"滤镜将其读出来。

8.5 使用 Photoshop CS6 特殊滤镜

Photoshop CS6 除了前面介绍的普通滤镜外，还包括"自适应广角"、"镜头校正"、"液化"、"油画"和"消失点"5 种特殊滤镜。下面就来进行具体讲解。

8.5.1 自适应广角

对于摄影师以及喜欢拍照的摄影爱好者来说，拍摄风光或者建筑必然要使用广角镜头进行拍摄。广角镜头拍摄照片时，都会有镜头畸变的情况，让照片边角位置出现弯曲变形，即使使用昂贵的镜头也是如此。利用 Photoshop CS6 新增的"自适应广角"滤镜，可以对广角镜头拍摄产生的畸变进行处理，从而得到一张完全没有畸变的照片。

（1）打开配套光盘"素材及结果 \8.5.1 自适应广角 \ 原图 .jpg"文件，如图 8-33 所示。

（2）执行菜单中的"滤镜"|"自定义广角"命令，在弹出的"自适应广角"对话框中的右侧"校正"下拉列表框中选择"鱼眼"选项，如图 8-34 所示。

图 8-33　原图　　　　　　　　　　　　　图 8-34　选择"鱼眼"

（3）在"自适应广角"对话框中，选择左侧工具箱中的 （约束工具）沿左侧墙体边缘绘制一条约束线，此时约束线周围弯曲的墙体的倾斜就消失了，如图 8-35 所示。

（4）同理，利用 （约束工具）对照片中其余畸变的部分进行处理，结果如图 8-36 所示。

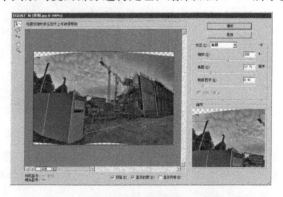

图 8-35　约束线周围弯曲的墙体的倾斜消失　　　　图 8-36　对其余畸变的部分进行处理

（5）单击"确定"按钮，结果如图 8-37 所示。

（6）利用工具箱中的 （裁剪工具）将图片中多余的部分裁剪掉，结果如图 8-38 所示。

图 8-37　自适应广角效果　　　　　　　　　图 8-38　裁剪后效果

（7）执行菜单中的"滤镜"｜"镜头校正"命令，对裁剪后的图片进行再次处理，最终效果如图 8-39 所示。

图 8-39　最终效果

8.5.2　镜头校正

使用"镜头校正"滤镜可以对拍摄图片中各种相机的镜头自动校正，可更轻易消除桶状和枕状变形、相片周边暗角，以及造成边缘出现彩色光晕的色相差。

（1）打开配套光盘"素材及结果 \8.5.2 镜头校正 \ 原图 .jpg"文件，如图 8-40 所示。

图 8-40　"原图 .jpg"图片

（2）执行菜单中的"滤镜"｜"镜头校正"命令，在弹出的"镜头校正"对话框中的右侧选择"自定"选项卡，然后将"变换"选项组中的"垂直透视"设置为 -40，如图 8-41 所示，单击"确定"按钮，最终效果如图 8-42 所示。

图 8-41　调整"垂直透视"值

图 8-42 最终效果

8.5.3 液化

使用"液化"命令可以创建出图像弯曲、旋转和变形的效果。具体操作步骤如下：

（1）打开配套光盘"素材及结果 \ 8.5.3 液化 \ 原图 .jpg"文件，如图 8-43 所示。

图 8-43 原图

（2）执行菜单中的"滤镜"|"液化"命令，在弹出的"液化"对话框中选择左侧的 （向前变形工具），设置"画笔大小"和"画笔压力"，接着移动鼠标指针到预览框的图像上拖动鼠标，就可以对图像进行变形处理，如图 8-44 所示。

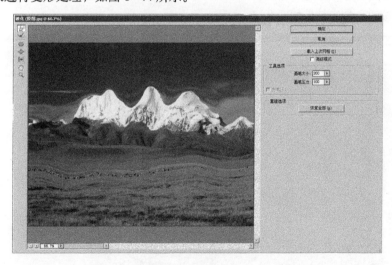

图 8-44 利用 （向前变形工具）处理图像

（3）单击"确定"按钮，完成"液化"操作，最终效果如图 8-45 所示。

图 8-45　最终效果

8.5.4　油画

以前各版本的 Photoshop 滤镜也可以制作出油画效果，但效果不明显，制作也比较复杂。利用 Photoshop CS6 则可以轻松方便地制作出经典油画效果。

（1）打开配套光盘"素材及结果 \8.5.4 油画 \ 原图 .jpg"文件，如图 8-46 所示。

图 8-46　原图

（2）执行菜单中的"滤镜"|"油画"命令，在弹出的"油画"对话框中设置参数如图 8-47 所示，单击"确定"按钮，最终效果如图 8-48 所示。

图 8-47　设置"油画"参数

图 8-48　最终效果

8.5.5　消失点

消失点功能 Photoshop CS2 中就有，但 Photoshop CS6 增强了消失点功能，将图像基于透视的编辑提高到一个新的水平，可以在一个图像内创建多个平面，以任何角度连接它们，然后围绕它们绕排图形、文本和图像来创建打包模仿等。下面体验一下这个非常实用的功能，利用增强的消失点工具制作一个商品包装效果图，该工具在升级后能够围绕多个面进行编辑。具体请参考"8.6.4 包装盒贴图效果"。

8.6　实　例　讲　解

本节将通过"球面文字效果"、"暴风雪效果"、"漫画波普 T 恤制作"、"包装盒贴图效果"4个实例来讲解滤镜在实践中的应用。

8.6.1　球面文字效果

 要点：

本例将制作球面文字效果，如图 8-49 所示。通过本例学习应掌握辐射渐变工具和滤镜中球面化滤镜的使用。

操作步骤：

（1）执行菜单中的"文件"｜"新建"命令，在弹出的对话框中设置参数，如图 8-50 所示，然后单击"确定"按钮，从而新建一个图像文件。

（2）单击"图层"面板下方的 □（创建新图层）按钮，在背景层上方添加一个图层，如图 8-51 所示。

图 8-49　球面文字效果

（3）选择工具箱上的 ◯（椭圆选框工具），按住〈Shift〉键在"图层1"上创建一个正圆形选区，如图 8-52 所示。

（4）选择工具箱上的 ■（渐变工具），渐变类型选择 ■（径向渐变），对"图层1"选区进行渐变处理，结果如图 8-53 所示。

（5）按快捷键〈Ctrl+D〉取消选区。

（6）制作小球的阴影效果。方法：选择"图层 1"，单击"图层"面板下方的 *fx*.（添加图层样式）按钮，在弹出的快捷菜单中选择"阴影"命令，在弹出的对话框中设置参数，如图 8-54 所示，然后单击"确定"按钮，结果如图 8-55 所示。

图 8-50　设置新建参数

图 8-51　新建"图层 1"

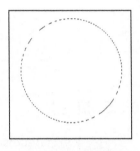

图 8-52　创建正圆形选区

图 8-53　对"图层 1"进行渐变处理

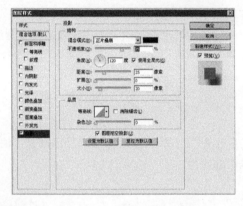

图 8-54　设置"投影"参数

图 8-55　投影效果

（7）选择工具箱上的 **T**（横排文字工具），在图像上输入文字"球"，字体为隶书，字号 100 点，字色为黑色，结果如图 8-56 所示。

（8）选择"图层 1"，单击"图层"面板下方的 **园**（创建新图层）按钮，在"图层 1"上方添加一个"图层 2"，如图 8-57 所示。

图 8-56　输入文字

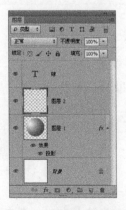

图 8-57　添加"图层 2"

（9）选择工具箱上的▨（椭圆选框工具），按〈Shift〉键在"图层 2"上创建一个正圆形选区，如图 8-58 所示，然后用白色填充选区，结果如图 8-59 所示。

（10）选择图层"球"，按〈Ctrl+E〉快捷键向下合并图层，将文字图层和白圆图层合并为一个图层，结果如图 8-60 所示。

图 8-58　创建一个正圆形选区

图 8-59　白色填充选区

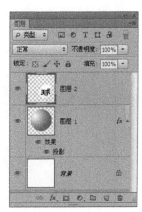

图 8-60　合并图层

（11）按下〈Ctrl〉键单击"图层 1"，从而得到"图层 1"的选区，如图 8-61 所示。

（12）选择"图层 2"，执行菜单中的"滤镜"|"扭曲"|"球面化"命令，在弹出的对话框中设置参数，如图 8-62 所示，单击"确定"按钮，结果如图 8-63 所示。

（13）按快捷键〈Ctrl+D〉取消选区，最终效果如图 8-64 所示。

图 8-61　"图层 1"的选区

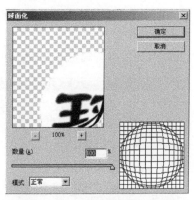

图 8-62　设置"球面化"参数

图 8-63　"球面化"效果

图 8-64　最终效果

8.6.2 暴风雪效果

要点：

本例将制作暴风雪效果，如图 8-65 所示。通过本例学习应掌握选择中的色彩范围命令与滤镜中的绘图笔效果，模糊，锐化效果的综合应用。

原图

结果图

图 8-65　暴风雪效果

操作步骤：

（1）打开配套光盘"素材及结果 \8.6.2 暴风雪效果 \ 原图 .jpg"文件，如图 8-65 所示。

（2）单击"图层"面板下方的 🔲（创建新图层）按钮，创建一个新的"图层 1"。

（3）执行菜单中的"编辑"|"填充"命令，在弹出的对话框中选择"50% 灰色"，如图 8-66 所示，然后单击"确定"按钮，填充完成后图层如图 8-67 所示。

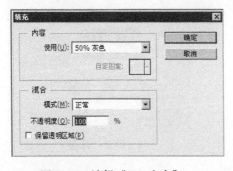

图 8-66　选择"50% 灰色"　　　　　　　　图 8-67　图层分布

（4）确定前景色为黑色、背景色为白色，当前图层为"图层 1"，执行菜单中的"滤镜"|"滤镜库"命令，然后在弹出的对话框中选择"素描"文件夹中的"绘图笔"滤镜，并设置参数如图 8-68 所示，单击"确定"按钮，结果产生了风刮雪粒的初步效果，如图 8-69 所示。

（5）去掉更多的没有雪的部分。方法：选择将产生没有雪的部分，执行菜单中的"选择"|"色彩范围"命令，弹出图 8-70 所示的对话框，然后在"选择"下拉列表框中选择"高光"，如图 8-71 所示，单击"确定"按钮，结果如图 8-72 所示。接着按〈Delete〉键删除选择的部分，结果如图 8-73 所示。

图 8-68 设置"绘图笔"参数

图 8-69 绘图笔效果

图 8-70 "色彩范围"对话框

图 8-71 选择"高光"

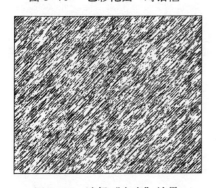

图 8-72 选择"高光"效果

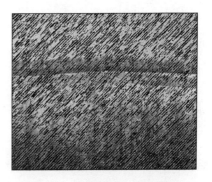

图 8-73 删除选区内的图像

（6）使用快捷键〈Ctrl+Alt+I〉反选选区，选中雪的部分，然后确定前景色为白色，按快捷键〈Alt+Delete〉进行前景色填充。

（7）按快捷键〈Ctrl+D〉取消选区，结果如图 8-74 所示。

（8）为了使雪片不至于太生硬，执行菜单中的"滤镜"|"模糊"|"高斯模糊"命令，在弹出的对话框中设置参数，如图 8-75 所示，然后单击"确定"按钮，结果如图 8-76 所示。

（9）为了使图像效果更加鲜明，下面执行菜单中的"滤

图 8-74 用白色填充选区

镜"|"锐化"|"USM 锐化"命令，在弹出的对话框中设置参数，如图 8-77 所示，然后单击"确定"按钮，最终效果如图 8-78 所示。

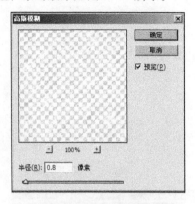

图 8-75　设置"高斯模糊"参数

图 8-76　"高斯模糊"效果

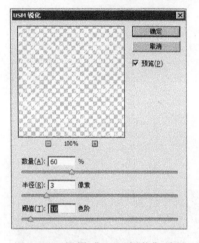

图 8-77　设置"USM 锐化"效果

图 8-78　最终效果

8.6.3　漫画波普 T 恤制作

 要点：

本案例将制作一种波普艺术风格的漫画效果，如图 8-79 左图所示，然后将该图案放到 T 恤上的效果展示，如图 8-79 右图所示。右图这种单纯强烈的彩色对比形式凸显了 T 恤衫的现代风格。通过本例的学习，读者应掌握利用"半调图案"滤镜制作波普风格 T 恤衫的方法。

操作步骤：

1. 将人物素材图片处理成波普漫画风格的特效

（1）首先打开配套光盘中的"素材及结果\8.6.3 波普漫画 T 恤\人物 .jpg"文件，如图 8-80 所示。

为了得到完美的提线稿效果，下面将"背景"图层拖至"图层"面板下方的 🔲（创建新图层）按钮上，从而复制出"背景副本"图层，接着将该图层的"混合模式"设置为"颜色减淡"，如图 8-81 所示，此时画面效果如图 8-82 所示。

波普风格漫画人物

波普漫画 T 恤

图 8-79 漫画波普 T 恤

图 8-80 "人物 .jpg"素材

图 8-81 复制"背景"图层后设置其混合模式

图 8-82 "颜色减淡"混合模式下的图像效果

（2）接下来按快捷键〈Ctrl+I〉将图像反相，透过图层缩览图可以看到图像呈现出强烈的底片反相效果，如图 8-83 所示，由于该图层当下的图层混合模式为"颜色减淡"，因此图像与背景图层混合呈现出明亮的混合效果，画面中图像基本全部消失（只有左上角有些许色点），此时画面的整体效果如图 8-84 所示。

图 8-83 底片反相效果

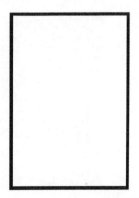

图 8-84 执行"反相"后的画面效果

（3）执行菜单中的"滤镜"｜"模糊"｜"高斯模糊"命令，在弹出的"高斯模糊"对话框中将模糊半径设置为"7 像素"，如图 8-85 所示，单击"确定"按钮，此时画面中浮现出人物的面部轮廓，呈现出浮雕效果的美感，效果如图 8-86 所示。

图 8-85　设置模糊半径　　　　　　　图 8-86　执行"高斯模糊"后的画面效果

（4）继续人物图像的制作，将人物线稿提出。方法：单击"图层"面板下方的 ◎.（创建新的填充或调整图层）按钮，在弹出的快捷菜单中选择"阈值"命令，如图 8-87 所示，然后在图 8-88 所示的"属性"面板中将"阈值色阶"值调整为"225"，此时可以看到画面中人物图像的暗部细节清晰可见，且亮部没有过多黑点的干扰，效果如图 8-89 所示。

图 8-87　选择"阈值"命令　　　图 8-88　设定"阈值色阶"值　　　图 8-89　调整阈值后的画面效果

（5）单击"图层"面板下方的 ◻（创建新图层）按钮，新建一个图层并将其命名为"遮瑕"，如图 8-90 所示。然后将前景色设为白色，选择工具箱中的 ✐（画笔工具）将画面中多余的一些黑点遮盖住，效果如图 8-91 所示。

图 8-90　新建"遮瑕"图层　　　　　图 8-91　将画面中多余的黑点遮盖住

可根据需要随时调整画笔的大小以便快速、精确地将多余黑点遮盖住。

（6）给人物图像添加概括奔放的色彩。方法：首先新建一个图层并将其命名为"肤色"，然后将该图层的混合模式设置为"正片叠底"，如图 8-92 所示。接着将前景色设置为类似皮肤的颜色（颜色参考数值为 CMYK（0，45，45，0）），选择工具箱中的 （画笔工具），在工具选项栏中将其硬度设置为 100% 后，再在人物脸部进行涂抹上色。绘制过程中要根据需要随时调整画笔的大小，注意把握好肌肤与头发、衣服的分界线，且嘴唇、眼睛不能被覆盖，绘制后的效果如图 8-93 所示。

图 8-92　将"肤色"层的混合模式设置为"正片叠底"　　　图 8-93　将人物皮肤部分上色

提示

"肤色"图层混合模式设置为"正片叠底"，是为了得到肤色与人物图像轮廓叠在一起的效果。

（7）将背景色设置为白色，然后执行菜单中的"滤镜"｜"滤镜库"命令，在弹出的对话框中单击"素描"选项前的下三角按钮，从弹出的下拉列表中选择"半调图案"选项，并进行相关参数的设置，如图 8-94 所示，最后单击"确定"按钮，此时在人物肌肤上添加了细小的白色网格图案，效果如图 8-95 所示。

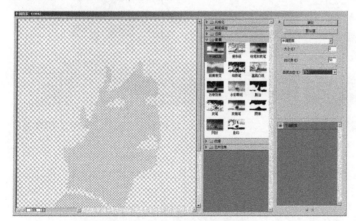

图 8-94　设置"半调图案"各参数　　　图 8-95　人物肌肤上添加了细小的

白色网格图案

提示

"素描"滤镜可以将纹理添加到图像中，大多数需要工具箱中的前景色和背景色来配合使用。

（8）继续给人物的衣服添加颜色。方法：首先新建一个图层，将其命名为"衣服"，然后将其图层混合模式设置为"正片叠底"，如图 8-96 所示。接着将前景色设置为红色（颜色参考数值为 CMYK（0，95，95，0））,利用工具箱中的 ▨（画笔工具）在人物的衣服部分进行涂抹，形成红色的衣服效果，如图 8-97 所示。

图 8-96　将"衣服"图层的混合模式设置为"正片叠底"　　　图 8-97　在衣服部分添加红色

（9）衣服颜色添加完之后，下面在工具箱中将背景色设置为黑色，然后执行菜单中的"滤镜"|"滤镜库"命令，在弹出的"半调图案"对话框中设置相关参数，如图 8-98 所示，单击"确定"按钮，此时可以看到画面中红色衣服上添加了黑色的网纹效果，如图 8-99 所示。

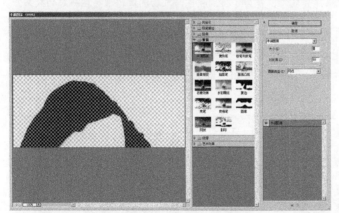

图 8-98　设置"半调图案"各参数　　　图 8-99　红色衣服上添加了黑色的网纹效果

🔍 **提示**

　　由于在步骤（7）中刚执行过"半调图案"滤镜命令，因此在此执行"滤镜|滤镜库"命令后，可直接设置半调图案的参数。

（10）下面再新建一个图层将其命名为"其他"，并将图层的混合模式设置为"正片叠底"，如图 8-100 所示。然后利用工具箱中的 ▨（画笔工具）分别为头发、发饰、项链和嘴唇添加适当的颜色：头发颜色参考数值为 CMYK（10，10，85，0），头饰颜色参考数值为 CMYK（70，15，0，0），嘴唇颜色参考数值为 CMYK（0，95，95，0），项链颜色参考数值为 CMYK（70，5，0，0），添加完后效果如图 8-101 所示。

图 8-100 将"其他"图层的混合模式设置为
"正片叠底"

图 8-101 分别为头发、头饰、项链、嘴唇
添加颜色

(11)人物漫画效果制作完成后,接下来开始制作画面的背景效果。方法:首先新建一个图层,并将其命名为"蓝色背景",如图 8-102 所示,然后将前景色设置为蓝色(颜色参考数值为CMYK(75,35,0,0)),按快捷键〈Alt+Delete〉进行填充,此时画面效果如图 8-103 所示。接着执行菜单中的"滤镜"|"像素化"|"色彩半调"命令,在弹出的"彩色半调"对话框中设置参数,如图 8-104 所示(该命令可以将图像转化为模拟印刷网点的效果),单击"确定"按钮,效果如图 8-105 所示。

图 8-102 新建"蓝色背景"图层

图 8-103 将"蓝色背景"图层填充蓝色

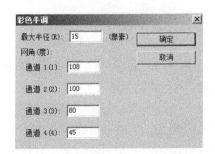

图 8-104 在"彩色半调"对话框中设置参数

图 8-105 图像呈现模拟印刷网点的效果

（12）在"图层"面板中单击图层缩览图前的 ● （指示图层可见性）图标，将除"背景"图层之外的所有图层隐藏，然后利用工具箱中的 ● （快速选择工具）选中背景图层中白色的部分，如图 8-106 所示，再按快捷键〈Ctrl+Shift+I〉，反向选区，选中主体人物范围，如图 8-107 所示。

图 8-106　选中画面中白色背景部分　　　　图 8-107　反向选区后得到人物轮廓的选区

（13）逐一单击隐藏图层前的 ● （指示图层可见性）图标，显示所有图层，然后单击选中"蓝色背景"图层，接着按〈Delete〉键将选区内的内容删除，此时之前制作的漫画风格人物会显现出来。最后按快捷键〈Ctrl+D〉，取消选择，一张普通的人物图片转变成了如图 8-108 所示的波普艺术漫画效果。

（14）双击"背景"图层，在弹出的"新建图层"对话框中保持默认参数，单击"确定"按钮，将背景图层转换为普通图层。接着单击"图层"面板下方的 ▢ （创建新组）按钮，新建一个"组 1"组，最后将所有图层拖入其中，如图 8-109 所示。

图 8-108　画面呈现出波普漫画效果　　　　图 8-109　新建"组 1"并将所有图层拖入其中

（15）单击"组 1"组前的小三角图标，将组收起，然后将其拖至"图层"面板下方的 ▢ （创建新图层）按钮上复制一份得到"组 1 副本"组，如图 8-110 所示。接着在该组上单击鼠标右键，从弹出的快捷菜单中选择"合并组"命令，如图 8-111 所示，此时会得到一个波普漫画风格的人物图层，下面将该层命名为"漫画人物"，如图 8-112 所示。最后将该文件另存为"波普漫画人物 .psd"文件。

图 8-110　复制"组 1"　　图 8-111　将"组 1"副本进行合并　图 8-112　合并组后将图层命名为"漫画人物"

2．将漫画人物图像应用到 T 恤上，制作一组 T 恤展示效果

（1）首先打开配套光盘中的"素材及结果 \8.6.3 漫画波普 T 恤 \T 恤 .jpg"图片文件，如图 8-113 所示。然后将刚才制作好的"波普漫画人物 .psd"图像复制粘贴到 T 恤图像中，接着按快捷键〈Ctrl+T〉，调节人物图像的大小和位置，效果如图 8-114 所示。

图 8-113　素材"T 恤 .jpg"　　　　图 8-114　将波普漫画人物图像复制粘贴到 T 恤中

（2）调整 T 恤背景的颜色，使 T 恤衫的展示效果更具艺术性和视觉冲击力。方法：首先利用工具箱中的 ![钢笔图标]（钢笔工具）沿 T 恤外轮廓绘制一个闭合路径，然后按快捷键〈Ctrl+Ener〉将路径转换为选区，如图 8-115 所示（注：利用此方法是为了获得精确的选区，增加画面精细度）。接着执行菜单中的"选择"｜"反向"命令，从而得到白色背景选区，如图 8-116 所示。

图 8-115　将 T 恤轮廓路径载入选区　　　图 8-116　反向选区得到背景选区

（3）单击"图层"面板下方的 ▣ （创建新图层）按钮，新建一个"图层1"图层，如图 8-117 所示，再将前景色设置为橘红色后按快捷〈Alt+Delete〉，用前景色进行填充（颜色参考数值为 CMYK（0，85，85，0）），效果如图 8-118 所示。最后将该文件另存为"T恤.psd"文件。

图 8-117　新建图层　　　　　　　　　　图 8-118　将 T 恤背景填充橘红色

（4）再新建一个文件。方法：执行菜单中的"文件"｜"新建"命令，在弹出的对话框中设置名称为"波普 T 恤"，并设置其余参数，如图 8-119 所示，单击"确定"按钮。接着打开"T恤.psd"文件，把背景图层转变为普通图层后，将文件中的 3 个图层全部选中，利用 ▶╋ （移动工具）将其移至"波普 T 恤"文件中，然后将图像移至画面的左上方，如图 8-120 所示。

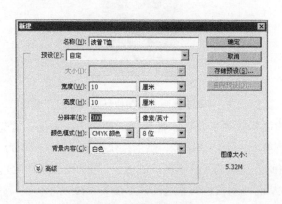

图 8-119　建立新文件　　　　　　　　　　图 8-120　将图像移至画面的左上方

（5）在"图层"面板上方新建一个组，并将其命名为"T 恤 1"。然后将除"背景"图层之外的 3 个图层移至"T 恤 1"组中，如图 8-121 所示。接着将"T 恤 1"组拖至"图层"面板下方的 ▣ （创建新图层）按钮上，复制出一个"T 恤 2"组。再利用 ▶╋ （移动工具）将该组图像移至画面右上角，如图 8-122 所示。最后通过执行菜单中的"图像"｜"调整"｜"色相／饱和度"命令，分别调整"T 恤 2"中的 T 恤颜色和背景颜色（可根据自己的喜好进行颜色的调整设定），参考效果如图 8-123 所示。

（6）同理，再复制 2 个 T 恤图像并分别调整颜色，注意要根据画面需要搭配好 4 个 T 恤图像的颜色，最终画面效果如图 8-124 所示。

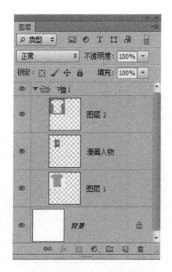

图 8-121　新建组并将 T 恤相关图层拖入其中

图 8-122　将"T 恤组 2"图像移至画面右上方

图 8-123　分别调整 T 恤与背景的颜色

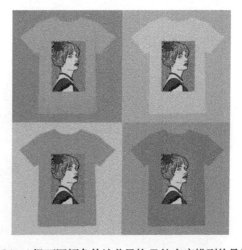

图 8-124　4 组不同颜色的波普风格 T 恤有序排列的最终效果

8.6.4　包装盒贴图效果

要点：

本例将制作包装盒贴图效果，如图 8-125 所示。通过本例学习应掌握"消失点"的应用。

操作步骤：

（1）打开配套光盘"素材及结果 \8.6.4 包装盒贴图效果 \ 包装图 .jpg"和"包装盒线条稿 .psd"文件，如图 8-125 左图和中图所示，下面我们要将它贴到包装盒上，做成一个模拟立体的包装效果图。

（2）选择"包装图 .jpg"，然后按快捷键〈Ctrl+A〉全选，再按快捷键〈Ctrl+C〉复制，接着进入"包装盒线条稿 .psd"，新建"图层 1"，执行菜单中的"滤镜"|"消失点"命令，

打开"消失点"的编辑对话框，其中部设置了很大的区域来作为消失点编辑区。最后选择对话框左上角第 2 个工具 ▦（创建平面工具），其使用方法与钢笔工具相似，开始绘制贴图的一个面，如图 8-126 所示，绘制完成后这个侧面中自动生成了浅蓝色的网格。

包装盒线条稿 .psd   包装图 .jpg   结果图

图 8-125   消失点

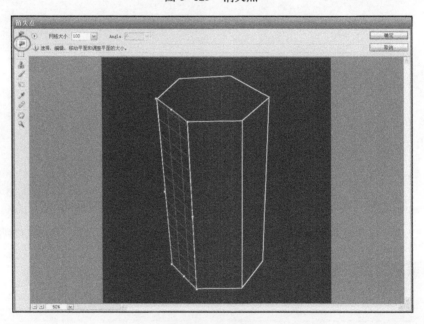

图 8-126   绘制面

（3）接下来创建下一个包装盒侧面，先注意看一下刚才创建的第一个网格面，其 4 个角和每条边线的中间都设有控制手柄，下面将鼠标指针放在网格最右侧的边缘中间的控制手柄上，按住〈Ctrl〉键向右拖，这时候一个新的网格面沿着边缘被拖出来了。然后将鼠标指针放在这个新网格面最右侧的中间控制手柄上，接着按住〈Alt〉键拖动鼠标，此时会发现这个新的面就像一扇门一样会沿着轴旋转，拖动鼠标直到调整这个面到一个合适的方向与位置。最后用鼠标拖动中间控制手柄调整网格的水平宽度，使其适配到包装盒的中间面。

（4）同理，继续按〈Ctrl〉键拖拉创建第 3 个网格面，然后按住〈Alt〉键将其拖拉适配到包装盒的第 3 个侧面中，如图 8-127 所示。

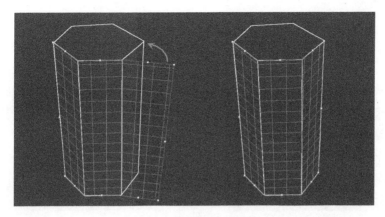

图 8-127 创建第 2 和第 3 个网格面并分别适配到包装盒的侧面中

(5) 按快捷键〈Ctrl+V〉，将刚才复制的手绘贴图粘贴进来，刚开始贴入时那张图还位于线框之外，用鼠标将它直接拖到刚才设置的风格线框里，这时会发现，平面贴图被自动适配到刚才创建的形状里，并且符合透视变形，如图 8-128 所示，如果贴图的大小与包装盒并不合适，可以选择工具箱中的 ▦ （转换工具）来调整一下贴图的大小，把图片放大或缩小使其正好合适盒子外形。

(6) 单击"确定"按钮，消失点的制作完成。此时包装盒虽已实现外形贴图，但还需要再给图片添加上一些光影效果，使其立体感更强烈和真实。下面将包装盒的盒盖加上，最后的效果如图 8-129 所示。

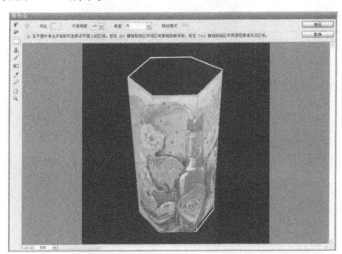

图 8-128 手绘贴图被自动适配到刚才创建的网格形状内

图 8-129 最终效果

8.7 课后练习

1．填空题

(1) 特殊滤镜包括_____、_____、_____和_____4 种滤镜。

(2) _____滤镜常用于精确选择图像，可以将一个具有复杂边缘的对象从背景中分离出来。

2．选择题

（1）采用"风格化"滤镜组中的（　　）滤镜可以产生图 8-130 右图所示的效果。

A．拼贴　　　　　B．凸出　　　　　C．扩散　　　　　D．查找边缘

使用滤镜前

使用滤镜后

图 8-130　执行滤镜命令前后效果比较

（2）运用"液化"滤镜的（　　）工具可以产生图 8-131 右图所示的效果。

A．　　　　　B．　　　　　C．　　　　　D．

使用滤镜前

使用滤镜后

图 8-131　执行滤镜命令前后效果比较

3．问答题 / 上机题

（1）练习 1：制作出图 8-132 所示的高尔夫球效果。

（2）练习 2：利用配套光盘"课后练习 \8.7 课后练习 \ 练习 2\ 原图 .jpg"图片，如图 8-133 所示，制作出图 8-134 所示的模糊效果。

图 8-132　练习 1 效果

图 8-133　"原图 .jpg"图片

图 8-134　练习 2 效果

第9章

综合实例

本章要点

通过前面章节的学习，大家已经掌握了 Photoshop CS6 的工具与绘图、文字处理、图层、通道和蒙版、图像色彩和色调调整、路径和矢量图形、滤镜等方面的相关知识。在实际工作中通常要综合利用这些知识来设计和处理图像。下面就通过几个综合实例来帮助大家拓宽思路。通过本章学习应掌握以下内容：

- 制作反光标志效果
- 制作请柬内页效果

9.1 反光标志效果

要点：

本例将制作反光标志效果，如图 9-1 所示。通过本例学习应掌握图层样式、通道和滤镜的综合应用。

反光风景   反光标志   结果图

图 9-1 反光标志效果

操作步骤：

（1）执行菜单中的"文件"｜"打开"命令，打开配套光盘中的"素材及结果 \9.1   反光标志效果 \ 反光标志 .tif"文件，如图 9-1 中图所示。

（2）按快捷键〈Ctrl+A〉，将其全选。然后按快捷键〈Ctrl+C〉，将其进行复制。接着，执行菜单中的"窗口"｜"通道"命令，调出"通道"面板，单击面板下部 ⊡（创建新通道）按钮，创建"Alpha1"。最后，按快捷键〈Ctrl+V〉，将刚才复制的黑白图标粘贴到 Alpha1 通道中，如图 9-2 所示。

图 9-2　将图标复制贴入"Alpha1"通道中

（3）在 Alpha1 通道中，按快捷键〈Ctrl+I〉反转黑白，然后将 Alpha1 拖动到"通道"面板下部 ⊡（创建新通道）按钮上，将其复制一份，命名为"Alpha2"，如图 9-3 所示。

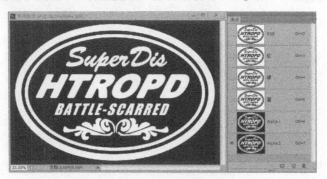

图 9-3　反转通道黑白后将"Alpha1"复制为"Alpha2"

（4）点中"Alpha2"，执行菜单中的"滤镜"｜"模糊"｜"高斯模糊"命令，在弹出的对话框中设置如图 9-4 所示的参数，将模糊"半径"设置为 7 像素，对"Alpha2"中的图形进行虚化处理，单击"确定"按钮，结果如图 9-5 所示。

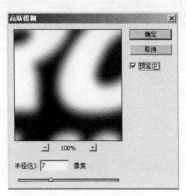

图 9-4　设置"高斯模糊"参数　　　　　图 9-5　高斯模糊后的效果

（5）将"Alpha2"中的图像单独存储为一个文件。方法：按快捷键〈Ctrl+A〉，将其全选，然后按快捷键〈Ctrl+C〉，将其进行复制。接着按快捷键〈Ctrl+N〉，新创建一个空白文件。最后按快捷键〈Ctrl+V〉，将刚才复制的"Alpha2"通道内容粘贴到新文件中，将该文件保存为"Logo-blur.psd"。

（6）回到"反光标志 .tif"，在"通道"面板中单击"RGB"主通道。然后执行菜单中的"窗口"｜"图层"命令，调出"图层"面板，接着按〈D〉键，将工具箱中的前景色和背景色分别设置为默认的"黑色"和"白色"。 按快捷键〈Ctrl+Delete〉，将背景层填充为白色。

（7）执行菜单中的"文件"｜"打开"命令，打开配套光盘"素材及结果 \9.1　反光标志效果 \ 反光风景 .jpg"文件，如图 9-1 左图所示。然后选择工具箱中的 ⊕（移动工具），将风景图片直接拖动到"反光标志 .tif"文件中，此时在"图层"面板中会自动生成一个新的图层，下面将该图层命名为"风景图片"。接着，按〈Ctrl+T〉快捷键，应用"自由变换"命令，按住控制框一角的手柄向外拖动，适当放大图像，并使它充满整个画面。

（8）在"图层"面板中拖动"风景图片"层到下部 ◻（创建新图层）按钮上，将其复制一份，命名为"模糊风景"，此时图层分布如图 9-6 所示。然后执行菜单中的"滤镜"｜"模糊"｜"高斯模糊"命令，在弹出的对话框中设置如图 9-7 所示的参数，将模糊"半径"设置为 5 像素，图像稍微虚化，可以消除一些分散注意力的细节，再单击"确定"按钮。

（9）将生成的标志位置限定在可视的图层边缘内，此步很重要。方法：执行菜单中的"图像"｜"裁切"命令，在弹出的对话框中设置如图 9-8 所示的参数，单击"确定"按钮。

（10）在"图层"面板中拖动"模糊风景"图层到下方的 ◻（创建新图层）按钮上，从而复制出一个新的图层，然后将该图层命名为"标志"。接着执行菜单中的"滤镜"｜"滤镜库"命令，在弹出的对话框中选择"扭曲"文件夹中的"玻璃"滤镜，再单击右上部 ≡ 按钮，从弹出的快捷菜单中选择"载入纹理"命令，如图 9-9 所示。最后在弹出的"载入纹理"对话框中选择刚才存储的"Logo-blur.psd"，单击"打开"按钮，返回"玻璃"对话框。此时，在左侧的预览框内可看到具有立体感的标志图形已从背景中浮凸出来，再单击"确定"按钮。

（11）在"图层"面板中选中"标志"层。然后打开"通道"面板，按住〈Ctrl〉键单击如图 9-10 所示的"Alpha1"通道图标以生成选区。

（12）单击"图层"面板下部 ◻（添加图层蒙版）按钮，在"标志"层上生成一个蒙版，如图 9-11 所示。

图 9-6　图层分布

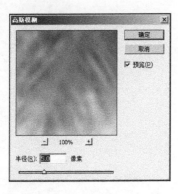

图 9-7　设置"高斯模糊"参数

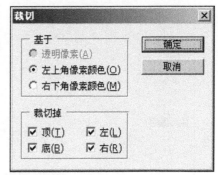

图 9-8　"裁切"对话框

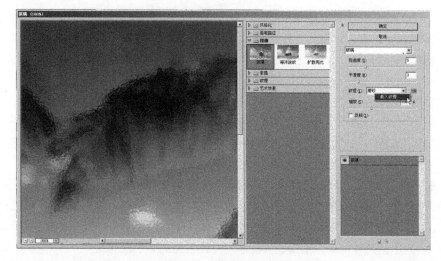

图 9-9　在"玻璃"对话框中载入"Logo-blur.psd"

图 9-10　单击"Alpha1"通道图标以生成选区

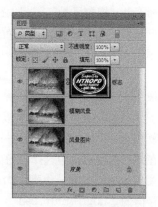

图 9-11　添加图层蒙版

（13）下面为"标志"层添加一些图层样式，强调标志图形的立体感觉。方法：单击"图层"面板下部 fx.（添加图层样式）按钮，在弹出式菜单中选择"投影"选项。然后在弹出的"图层样式"对话框中设置如图 9-12 所示的参数，单击"确定"按钮。效果如图 9-13 所示。

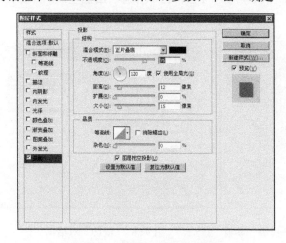

图 9-12　设置"投影"参数

图 9-13　添加投影后的标志效果

（14）在"图层样式"对话框左侧样式列表中选中"内阴影"项，设置如图 9-14 所示的参数，添加暗绿色的内阴影，单击"确定"按钮。结果如图 9-15 所示。

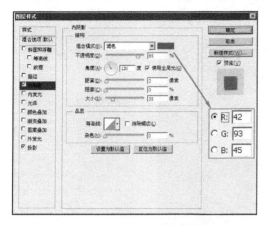

图 9-14　设置"内阴影"参数　　　　　　图 9-15　添加暗绿色内阴影后的标志效果

（15）在"图层样式"对话框左侧样式列表中选中"斜面和浮雕"项，设置如图 9-16 所示的参数，在标志外侧产生更为明显的雕塑感，单击"确定"按钮。结果如图 9-17 所示。

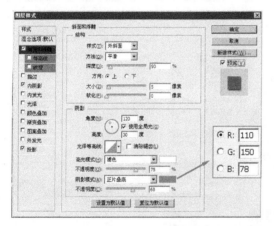

图 9-16　设置"斜面和浮雕"参数　　　　　图 9-17　斜面与浮雕效果

（16）将工具箱中的前景色设置为深绿色（RGB（0，80，90））。然后单击"图层"面板下部 回 （创建新图层）按钮创建"图层 1"，按快捷键〈Alt+Delete〉，将图层 1 填充为深绿色。接着，再将图层混合模式设定为"正片叠底"，不透明度为 88%，如图 9-18 所示，深暗的背景图像起到了衬托主体的作用，标志图形呈现出一种类似铬合金的光泽效果。

　提示

　　如图 9-19 所示，"图层 1"位于"标志"层和"模糊风景"层之间。

（17）下面要在标志的中间部分制作较亮的反光。方法：先打开"通道"面板，拖动 Alpha1 通道到面板下部的 回 （创建新通道）按钮上将其复制一份，命名为"Alpha3"。然后按快捷键〈Ctrl+I〉，将通道图像黑白反转。接着选择"Alpha3"，执行菜单中的"滤镜"|"滤镜库"命令，在弹出的对话框中选择"艺术效果"文件夹中的"塑料包装"滤镜，接着在右侧界面设置如图 9-20 所示的参数，从左侧预览框中可以看出加上光感的效果，然后单击"确定"按钮。

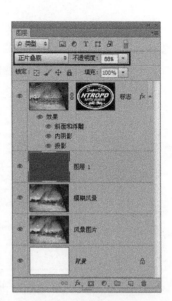

图 9-18　深暗的背景图像起到了衬托主体的作用　　　　图 9-19　图层分布

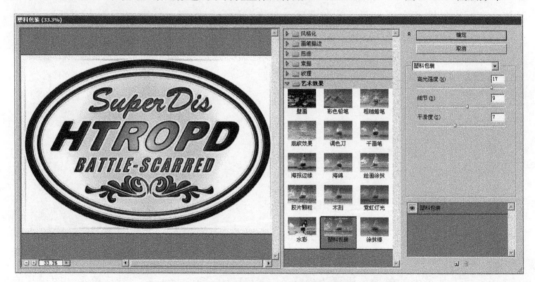

图 9-20　在"Alpha3"中添加"塑料包装"滤镜效果

（18）按〈Ctrl〉键单击"Alpha1"前的通道缩略图，获得"Alpha1"中图标的选区，然后单击"Alpha3"，执行菜单中的"选择"｜"修改"｜"收缩选区"命令，在弹出的对话框中设置如图 9-21 所示的参数，使选区向内收缩 1 像素，单击"确定"按钮。

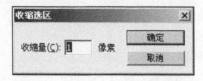

图 9-21　设置"收缩选区"参数

（19）按快捷键〈Shift+Ctrl+I〉，反选选区，将工具箱中的背景色设为黑色，然后按快捷键〈Ctrl+Delete〉，将选区填充为黑色。接着再按快捷键〈Ctrl+D〉取消选区。结果如图 9-22 所示。

图 9-22　用黑色填充"Alpha 3"

（20）在通道"Alpha3"中按快捷键〈Ctrl+A〉，进行全选，然后再按快捷键〈Ctrl+C〉，进行复制。接着打开"图层"面板，选择"标志"层，按快捷键〈Ctrl+V〉，将"Alpha3"中的内容粘贴成为一个新图层，并将此图层命名为"高光"。

（21）选中"高光"图层，在"图层"面板上将其图层混合模式更改为"滤色"，不透明度为70%，如图 9-23 所示。此时标志的中间部分像被一束光直射一般，产生了明显的反光效果，如图 9-24 所示。

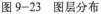

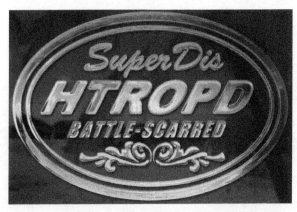

图 9-23　图层分布　　　　图 9-24　在标志中部加上了光照效果

（22）在"通道"面板中，拖动 Alpha1 到面板下部的 🔲（创建新通道）按钮上，将其复制一份，并将其命名为"Alpha4"。然后利用工具箱中的 🖊（画笔工具），如图 9-25 所示设置画笔工具选项栏参数。接着，将工具箱中的前景色设置为白色，用画笔工具将"Alpha4"中标志内部全部描绘为白色，目的是为了选取标志的外轮廓，如图 9-26 所示。

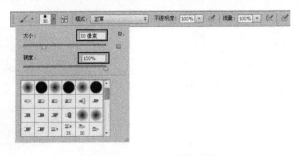

图 9-25　画笔工具选项栏

图 9-26　用画笔工具将"Alpha4"中标志内部全部描绘为白色

（23）按〈Ctrl〉键单击"Alpha4"前的通道缩略图，获得"Alpha4"中图标外轮廓的选区。然后打开"图层"面板，单击"背景"层，接着单击面板下部 🔲（创建新图层）按钮创建一个新图层，命名为"剪切蒙版"。最后按快捷键〈Ctrl+Delete〉，将该层上的选区填充为黑色，如图 9-27 所示。

（24）按住〈Alt〉键，在"剪切蒙版"上的每一个图层下边缘线上单击，所有图层都会按"剪切蒙版"层的形状进行裁切，每个被剪切过的图层缩略图前都出现了 ↓（剪切蒙版）图标，如图 9-28 所示。此时标志从背景中被隔离了出来，下面按快捷键〈Ctrl+D〉取消选区，最后结果如图 9-29 所示。

图 9-27　填充黑色　　　　图 9-28　裁切图层　　　图 9-29　标志从背景中被隔离了出来

（25）为整个标志再增添一圈外发光。方法：在"图层"面板中选中"剪切蒙版"层，单击面板下部 🔳（添加图层样式）按钮，在弹出式菜单中选择"外发光"选项。然后在弹出的"图层样式"对话框中设置如图 9-30 所示的参数，单击"确定"按钮，结果如图 9-31 所示。

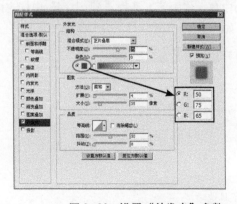

图 9-30　设置"外发光"参数　　　　图 9-31　添加了外发光后的标志效果

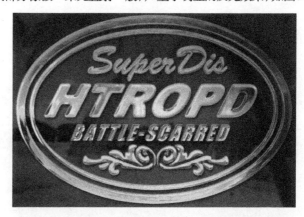

（26）再手动添加些喷漆闪光。方法：单击面板下部 🔲（创建新图层）按钮创建一个新图层，命名为"闪光"，并将该层移至所有图层的上面，如图 9-32 所示。然后选用工具箱中的 ✓（画笔工具），如图 9-33 所示设置画笔工具选项栏参数。接着，将工具箱中的前景色设置为白色，用画笔工具在标志图像上的一些高光区域涂画，结果如图 9-34 所示。

 提示

标志上小字体的高光部分要注意换用小尺寸的笔刷进行涂画。

（27）至此，整个立体反光标志制作完毕，最终效果如图 9-35 所示。

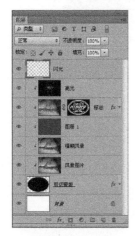
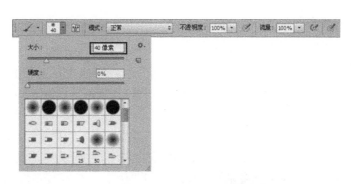

图 9-32　图层分布　　　　图 9-33　添加闪光的画笔工具选项栏设置

图 9-34　在图像中的高光区域画上白色的闪光点　　　图 9-35　最终效果

9.2　制作请柬内页效果

 要点：

本例将制作一个结婚请柬内页的平面展开图和立体展示图，效果如图 9-36 所示。本例的制作主要分为两部分：一是制作请柬内页的平面展开效果；二是制作请柬内页的立体展示效果。本例请柬内页设计形式新颖，新郎新娘人物选用了简笔画的形式来代表，整个设计表达了两人爱情将不断升华的主题。通过本例的学习，读者应掌握利用钢笔工具绘制路径、利用图层样式制作星的发光效果、羽化选区、创建新的填充或调整图层、将 Illustrator 创建的图形粘贴到 Photoshop 中等知识的综合应用。

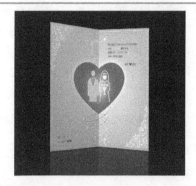

图9-36　结婚请柬内页的平面展开图和立体展示图

操作步骤：

1．制作请柬内页平面展开图

（1）执行菜单中的"文件"|"新建"命令，在弹出的对话框中设置"名称"为"请柬内页"，并设置其余参数，如图9-37所示，然后单击"确定"按钮，新建一个文件。

（2）由于请柬是折页形式，下面需要利用参考线将文件分为左右均等的两半。方法：执行菜单中的"视图"|"标尺"（快捷键〈Ctrl+R〉）命令，在图像窗口中显示标尺。然后选择工具箱中的 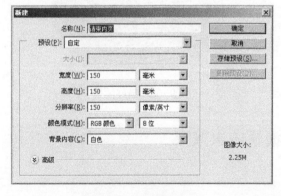 下方拖动鼠标，

（移动工具），从图像窗口左侧的标尺内向右拖出一条蓝色参考线置于文件中心位置（水平坐标为75毫米），如图9-38所示。

图9-37　建立新文件　　　　　　　　图9-38　均分请柬蓝色参考线

（3）添加粉色渐变背景。方法：首先设置前景色为粉色（颜色参考数值为CMYK（0，40，15，0）），背景色为白色。然后选择工具箱中的 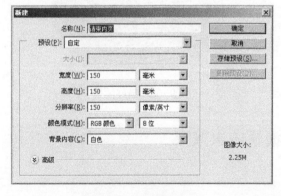（渐变工具），单击工具栏中的 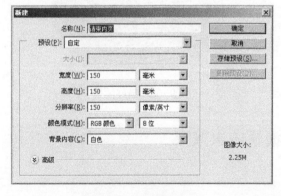（点按可编辑渐变）按钮，在弹出的"渐变编辑器"中设置参数（颜色参考数值为CMYK（0，35，15，0）、CMYK（0，0，0，0）），如图9-39所示。接着在工具栏中单击 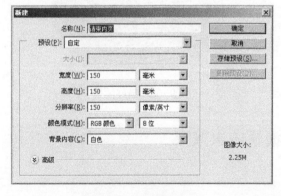（径向渐变）按钮，并选中"反向"复选框，如图9-40所示，最后在画面中由中心向左上方拖动鼠标，从而给画面添加一个"粉—白"的径向渐变效果，如图9-41所示。

图 9-39 在"渐变编辑器"对话框中设置参数　　图 9-40 背景添加渐变填充效果

（4）下面开始绘制请柬内页中的心形图案。方法：首先单击"图层"面板下方的 ▢（创建新图层）按钮，新建一个图层，并将其命名为"心形"，如图 9-42 所示，然后选择工具箱中的 ✎（钢笔工具），并在工具栏中选择 路径 类型，再在画面中绘制一个心形闭合路径，效果如图 9-43 所示，接着按快捷键〈Ctrl+Enter〉，将路径转化为选区，再将其填充为大红色（颜色参考数值为 CMYK（0，100，100，0）），如图 9-44 所示。

图 9-41 添加"粉—白"径向渐变填充

图 9-42 新建"心形"图层

图 9-43 绘制心形路径

图 9-44 将心形填充红色

（5）为心形图案添加外发光和圆形渐变的效果。方法：单击"图层"面板下方的 _fx._（添加图层样式）按钮，从弹出的快捷菜单中选择"外发光"命令，然后在弹出的"图层样式"对话框中设置外发光的颜色为一种土黄色（颜色参考数值为 CMYK（7，6，35，0））, 并设置其余参数如图 9-45 所示，单击"确定"按钮，效果如图 9-46 所示。接着单击"图层"面板下方的 _fx._（添加图层样式）按钮，从弹出的快捷菜单中选择"渐变叠加"命令，再在弹出的"图层样式"对话框中设置参数如图 9-47 所示（其中渐变颜色参考数值为 CMYK（6，10，15，0）、CMYK（25，100，80，0））, 单击"确定"按钮，此时心形内被填充上了由白色到红色的圆形渐变，效果如图 9-48 所示。

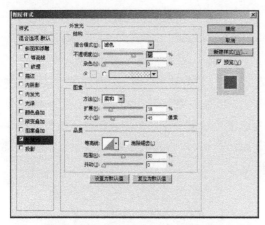

图 9-45　设置"外发光"参数

图 9-46　"外发光"效果

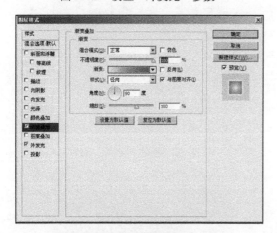

图 9-47　设置"渐变叠加"参数

图 9-48　"渐变叠加"效果

（6）绘制请柬内页中的一条螺旋形的发光线条。方法：首先新建一个图层，并将其命名为"发光线条"，如图 9-49 所示，然后选择工具箱中的 🖊（钢笔工具），在工具栏中选择 路径 ⬦ 类型，再在画面中绘制一个弯曲的线条形状，效果如图 9-50 所示。

（7）将前景色设置为红色（颜色参考数值为 CMYK（0，100，100，0））, 然后在"路径"面板中选中刚才绘制的"工作路径"，接着将"画笔工具"的大小设置为 4 像素，再按住〈Alt〉键的同时用鼠标单击 ○（用画笔描边路径）按钮，在弹出的"描边路径"对话框中选中"模拟压力"选项（该选项可以生成画笔两端渐隐的效果），如图 9-51 所示，单击"确定"按钮，此时效果如图 9-52 所示。最后将"发光线条"图层拖至"心形"图层下方，效果如图 9-53 所示，图层分布如图 9-54 所示。

图 9-49 图层分布

图 9-50 利用钢笔工具绘制弯曲线条形状

图 9-51 选中"模拟压力"选项

图 9-52 描边路径效果

图 9-53 调整图层顺序后效果

图 9-54 图层分布

（8）为弯曲线条添加外发光效果。方法：首先选中"发光线条"图层，单击"图层"面板下方的 *fx.*（添加图层样式）按钮，从弹出的快捷菜单中选择"外发光"命令，然后在弹出的"图层样式"对话框中设置外发光的颜色为一种土黄色（颜色参考数值为 CMYK（4，0，28，0）），并设置其余参数如图 9-55 所示，单击"确定"按钮，此时线条外添加上了柔和的浅黄色光芒，效果如图 9-56 所示。

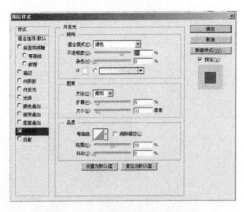

图 9-55　设置"外发光"参数　　　　　　　图 9-56　"外发光"效果

（9）在发光线条的周围，还需要增加许多发光的小星星来烘托梦幻气氛。在 Illustrator CS6 软件中利用 ☆（星形工具）可以很快捷地绘制这种星形图案，因此下面在 Illustrator 软件中绘制出一个星形图案，再将其复制到"请柬内页.psd"文件中。方法：打开 Illustrator 软件，新创建一个文档，将"填色"设置为"白色"，"描边"设置为"无"，然后选择工具箱中的 ☆（星形工具），在页面中单击鼠标左键，再在弹出的"星形"对话框中设置参数，如图 9-57 所示，单击"确定"按钮，即可创建出一个 8 角发散的小星星，如图 9-58 所示。接着利用工具箱中的 ▶（选择工具）选中绘制的星星，按快捷键〈Ctrl+C〉进行复制，再回到"请柬内页.psd"页面中，按快捷键〈Ctrl+V〉进行粘贴，最后在弹出的"粘贴"对话框中选中"智能对象"单选按钮，如图 9-59 所示，单击"确定"按钮。再调整其大小和位置后按〈Enter〉键确认，即可在 Photoshop 中得到如图 9-60 所示的小星星，此时图层分布如图 9-61 所示。

图 9-57　在"星形"对话框中设置参数　　　　　　图 9-58　绘制星星

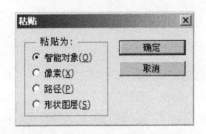

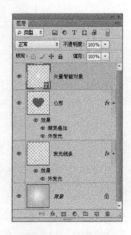

图 9-59　选择"智能对象"选项　　　图 9-60　调整星星的大小和位置　　　图 9-61　图层分布

（10）接下来制作星星中心的发光部分。方法：新建"发光"图层，如图 9-62 所示，然后选择工具箱中的 （椭圆选框工具），将鼠标移至星星中心后按住〈Alt+Shift〉快捷键的同时向外拖动鼠标，绘制一个从星形中心向外扩散的正圆形选区，如图 9-63 所示，再在正圆形选区上单击鼠标右键，从弹出的快捷菜单中选择"羽化"命令，接着在弹出的"羽化选区"对话框中设置羽化半径像素，如图 9-64 所示。最后将前景色设置为白色，再按快捷键〈Alt+Delete〉，将羽化后的正圆选区填充为白色，效果如图 9-65 所示。

图 9-62　新建"发光"图层　　　　　　　图 9-63　绘制一个正圆形选区

图 9-64　设置"羽化半径"的数值　　　　图 9-65　将羽化后的正圆形填充白色

（11）在星形白色外发光外再添加一圈浅黄色光晕。方法：单击"图层"面板下方的 *fx*（添加图层样式）按钮，从弹出的快捷菜单中选择"外发光"命令，然后在弹出的"图层样式"对话框中设置外发光的颜色为一种土黄色（颜色参考数值为 CMYK（4，0，28，0）），并设置其余参数如图 9-66 所示，单击"确定"按钮，即可在星形白色外发光外再添加一圈浅黄色光晕，效果如图 9-67 所示。接着同时选中"发光"图层和 "星星"图层，并在其上单击鼠标右键，从弹出的快捷菜单中选择"合并图层"命令，如图 9-68 所示，再将合并后的图层命名为"发光星星"，如图 9-69 所示。

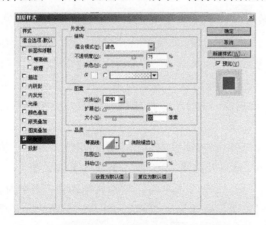

图 9-66　设置"外发光"参数　　　　　　图 9-67　添加浅黄色光晕的效果

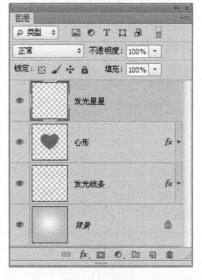

图 9-68　选择"合并图层"命令　　　　　　图 9-69　将合并后的图层命名为"发光星星"

（12）下面复制出多个"发光星星"图层，并分别调整它们的大小，然后沿着发光线条进行随意的分布，调整后的效果如图 9-70 所示。接着选中所有发光星星图层，按快捷键〈Ctrl+E〉进行图层合并，再将合并后的图层命名为"发光星星分布"，此时图层分布如图 9-71 所示。

图 9-70　复制多个发光星星后分布效果　　　　图 9-71　图层分布

（13）将人物素材放入到请柬内页中。方法：执行菜单中的"文件"｜"打开"命令，打开配套光盘中的"素材及结果\9.2 制作请柬内页效果\人物 .psd"文件，如图 9-72 所示，然后利用工具箱中的 ▶➕（移动工具）将人物素材拖动到"请柬内页 .psd"文件中，并将其置于顶层，接着将该层重命名为"人物"，如图 9-73 所示，再调整人物的大小和位置后效果如图 9-74 所示。

（14）制作请柬内页的边角装饰效果，首先添加请柬内页左上角的花纹。方法：执行菜单中的"文件｜打开"命令，打开配套光盘中的"素材及结果\9.2 制作请柬内页效果图\花纹 .jpg"文件，如图 9-75 所示，然后利用工具箱中的 ▶➕（移动工具）将花纹素材拖动到"请柬内页 .psd"文件中，此时会产生一个新的图层。接着将该图层命名为 "花纹"并将该图层的混合模式设置为"滤色"，如图 9-76 所示。最后调整花纹的大小和位置，效果如图 9-77 所示。

图 9-72 人物素材　　　　图 9-73 图层分布　　　　图 9-74 调整人物的大小、位置

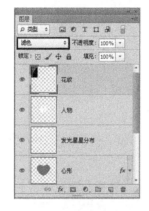

图 9-75 花纹素材　　　　图 9-76 图层分布　　　　图 9-77 添加花纹效果

（15）为了丰富请柬画面，下面绘制请柬内页的边线装饰效果。方法：首先新建一个"边线"图层，如图 9-78 所示，然后将前景色设置为白色，选择工具箱中的 ▱（直线工具），在工具栏中选择 形状 类型，粗细为 1 像素，接着按住〈Shift〉键的同时在画面左下方拖动鼠标，绘制如图 9-79 所示的边线。

图 9-78 新建"边线"图层　　　　　图 9-79 绘制边线效果

（16）此时可以发现绘制的边线过细，下面通过描边处理将其进行加粗。方法：单击"图层"面板下方的 fx （添加图层样式）按钮，在弹出的"图层样式"对话框中设置"描边"参数（颜色参考数值为 CMYK（0, 0, 0, 0））, 如图 9-80 所示，单击"确定"按钮，效果如图 9-81 所示。

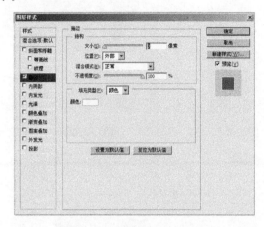

图 9-80　设置"描边"参数

图 9-81　边线描边后效果

提示

在由垂直线转为水平线绘制时，按住〈Shift〉键不放，鼠标松开一下，再继续按住鼠标向右拖动即可。

（17）至此，请柬内页左半边的边角装饰效果制作完成，下面制作请柬内页右半边的边角装饰。方法：选中"花纹"和"边线"图层，然后将其拖至"图层"面板下方的 （创建新图层）按钮上，从而形成"边线副本"图层和"花纹副本"图层，如图 9-82 所示，接着选择工具箱中的 （移动工具），按住〈Shift〉键将其拖至画面右半边，最后执行菜单中的"编辑"｜"变换"｜"水平翻转"命令，再执行菜单中的"编辑"｜"变换"｜"垂直翻转"命令，得到右下角对称的花纹效果，如图 9-83 所示。

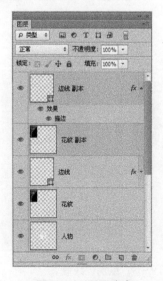

图 9-82　图层分布

图 9-83　请柬内页边线装饰效果

（18）制作请柬内页中的文字效果。方法：首先选择工具箱中的 T（横排文字工具），单击工具选项栏右侧的 ▦（切换字符和段落面板）按钮，然后在弹出的"字符"面板中设置文字颜色为一种暗红色（颜色参考数值为 CMYK（26，100，0，0））），并设置其余参数如图 9-84 所示。接着在请柬内页的右上角输入相关文字，如图 9-85 所示。

图 9-84 在"字符"面板中设置参数 　　　图 9-85 输入文字效果

（19）选择工具箱中的 ✿（自定形状工具），然后在工具选项栏的"形状"下拉列表框中选择"红心形卡"，如图 9-86 所示，接着在文字"秦宏""谢芳"之间绘制一个心形图案，如图 9-87 所示，此时图层分布如图 9-88 所示。

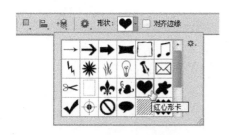

图 9-86 选择"红心形卡"　　　图 9-87 在文字中添加心形效果　　　图 9-88 图层分布

（20）同理，在请柬中添加左下角文字与图形。至此，请柬内页平面展开图绘制完毕，下面按快捷键〈Ctrl+R〉，取消标尺显示，整体效果如图 9-89 所示。

图 9-89 请柬内页平面展开图

2. 制作请柬内页立体展示图

（1）解锁背景图层。方法：双击背景图层，然后在弹出的图9-90所示的"新建图层"对话框中保持默认参数，单击"确定"按钮，从而将"背景层"转换为"图层0"。

> **提示** ————————————
> 将"背景层"转换为"图层0"后的"图层0"图层为解锁状态。

（2）单击"图层"面板下方的 ▢（创建新组）按钮，新建一个图层组，并将其命名为"请柬内页"。然后将前面制作请柬的所有图层都拖入"请柬内页"组中，接着单击"请柬内页"组左侧的小三角图标收起组中内容，如图9-91所示。最后按快捷键〈Ctrl+S〉保存文件。

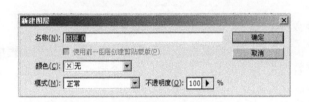

图9-90　将背景层转换为图层0　　　　　图9-91　新建图层组"请柬内页"

（3）新建一个文件来制作请柬在暗背景中的立体展示效果。方法：执行菜单中的"文件"｜"新建"命令，在弹出的对话框中设置"名称"为"请柬内页立体展示图"，并设置其余参数，如图9-92所示，然后单击"确定"按钮，新建一个文件。

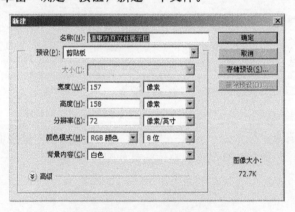

图9-92　新建文件

（4）添加一个渐变背景作为请柬内页立体展示的环境底色。方法：首先设置前景色为CMYK（55，75，65，75），背景色为CMYK（30，100，95，50）），然后选择工具箱中的▣（渐变工具），单击工具选项栏左侧的 ▰▾ 按钮，在弹出的"渐变编辑器"对话框中选择"从前景色到背景色渐变"选项（预设中的第一个色标），如图9-93所示。接着按住〈Shift〉键在画面中由上至下拖动鼠标，从而将画面填充上所设置的渐变色，如图9-94所示。

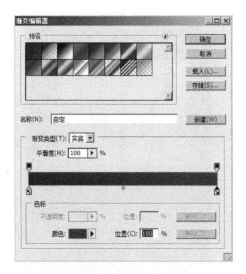

图 9-93　在"渐变编辑器"对话框中设置参数　　　　图 9-94　填充渐变背景

（5）打开"请柬内页 .psd"文件，将"请柬内页"图层组拖入到"请柬内页立体展示图 .psd"文件中，如图 9-95 所示。然后在"请柬内页"图层组上单击鼠标右键，从弹出的快捷菜单中选择"合并组"命令，从而得到一个名称为"请柬内页"的普通图层，如图 9-96 所示。接着按快捷键〈Ctrl+T〉，调整其大小，再将其置于如图 9-97 所示位置。

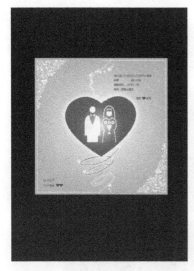

图 9-95　加入"请柬内页"效果　　　图 9-96　图层分布　　　图 9-97　调整请柬内页的大小

（6）制作请柬内页立体折叠后的效果。方法：利用工具箱中的 □（矩形选框工具）框选请柬的左半面，然后执行菜单中的"编辑｜拷贝"命令，再执行菜单中的"编辑｜粘贴"命令，从而复制出一个请柬左半面的新图层，将该图层命名为"左"。同理，再复制出一个名称为"右"的请柬右半面的新图层。最后单击"请柬内页"图层前的 ◉（指示图层可见性）图标将其隐藏，此时图层分布如图 9-98 所示，画面效果如图 9-99 所示。

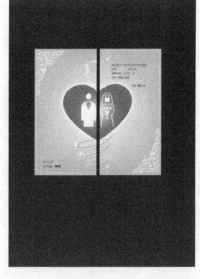

图 9-98　将请柬左右页分别拆开复制为新图层　　　图 9-99　将请柬内页左右分开的效果

（7）将拆分开的请柬左右两页分别进行透视变形。方法：利用 ▶⊹（移动工具）将请柬内页左右两面对齐，然后选择"左"图层，执行菜单中的"编辑"｜"变换"｜"斜切"命令，使其产生立体透视效果，如图 9-100 所示。同理，选择"右"图层，使其也产生一定的透视效果，但变形幅度较左页要稍小一些，效果如图 9-101 所示。

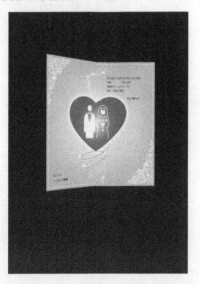

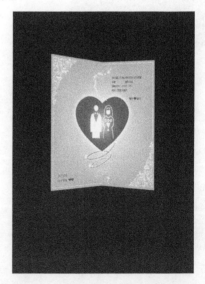

图 9-100　请柬内页左半面透视变形效果　　　图 9-101　请柬内页右半面透视变形效果

（8）由于光线的照射，请柬内页两面会呈现出不同的明暗效果，下面就来制作这种效果。方法：选择"左"图层，单击"图层"面板下方的 ◢.（创建新的填充或调整图层）按钮，从弹出的快捷菜单中选择"渐变"命令。然后在弹出的图 9-102 所示的"渐变填充"对话框中单击"渐变"右侧的下拉按钮，在弹出的"渐变编辑器"对话框中设置左侧红色的颜色为 CMYK（19，77，60，8）），如图 9-103 所示，单击"确定"按钮，从而得到如图 9-104 所示效果，此时图层分布如图 9-105 所示。

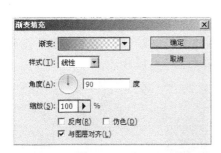

图 9-102 在"渐变填充"对话框中设置参数

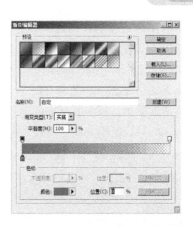

图 9-103 在"渐变编辑器"中设置渐变

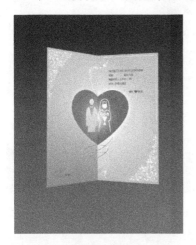

图 9-104 添加渐变填充图层效果

图 9-105 图层分布

（9）将上一步骤生成的渐变填充图层的"不透明度"设置为 80%，然后单击鼠标右键，从弹出的快捷菜单中选择"创建剪贴蒙版"命令，如图 9-106 所示，这样做是为了使渐变填充的效果只作用于其下的"左"图层（即"下形状上颜色"）。此时，请柬内页呈现出明显的折痕和光影效果，如图 9-107 所示，此时图层分布如图 9-108 所示。

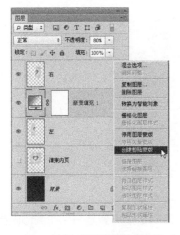

图 9-106 选择"创建剪贴蒙版"命令

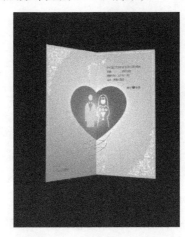

图 9-107 请柬内页明暗效果

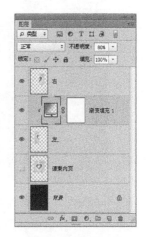

图 9-108 图层分布

（10）下面还需制作请柬的倒影效果。方法：将请柬内页左右两面的图层进行复制，然后执行菜单中的"编辑"｜"变换"｜"垂直翻转"命令，将它们垂直移到请柬下方，如图 9-109 所示。接着执行菜单中的"编辑"｜"变换"｜"斜切"命令，分别调整请柬内页倒影的角度位置，使其与请柬底边贴合，如图 9-110 所示。最后将"右"、"渐变填充 1"和"左"3 个图层合并为"立体请柬"层，再将复制出的调整倒影的图层合并成为"倒影"图层，并调整不透明度（参考数值为 30%），效果如图 9-111 所示，此时图层分布如图 9-112 所示。

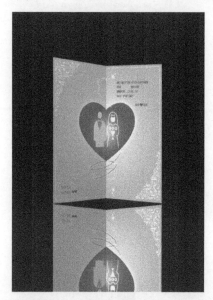

图 9-109　将请柬内页复制并做垂直翻转操作

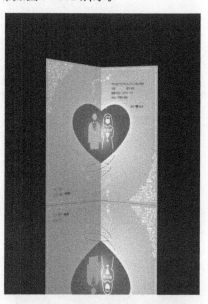

图 9-110　调整请柬倒影的角度位置

图 9-111　调整请柬倒影的不透明度

图 9-112　图层分布

（11）制作请柬倒影下部的淡出效果。方法：在"图层"面板的最上方新建一个"倒影淡出"

图层，然后在请柬倒影部分添加从下至上（从暗红色到透明）的渐变（暗红色的颜色参考数值为 CMYK（30，85，85，55）），从而使倒影的下半部分逐渐淡出隐入背景，效果如图 9-113 所示，图层分布如图 9-114 所示。

图 9-113　倒影淡出的效果

图 9-114　图层分布

（12）为请柬内页添加一个衬托的投影效果，方法：选择"立体请柬"层，然后单击"图层"面板下方的 _fx._（添加图层样式）按钮，从弹出的快捷菜单中选择"投影"命令，接着在弹出的"图层样式"对话框中设置参数，如图 9-115 所示，单击"确定"按钮，效果如图 9-116 所示，最终图层分布如图 9-117 所示。

至此，请柬内页立体展示效果图制作完毕。

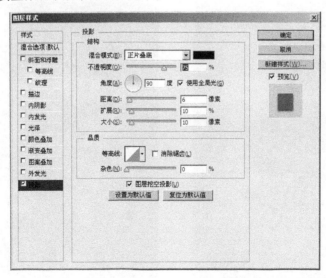

图 9-115　设置"投影"参数

图 9-116　请柬立体展示效果

图 9-117　最终图层分布

9.3　课 后 练 习

（1）利用配套光盘"课后练习\9.3 课后练习\练习 1"中的相关素材，制作图 9-118 所示的电影海报效果。

（2）利用配套光盘"课后练习\9.3 课后练习\练习 2"中的相关素材，制作图 9-119 所示的包装盒效果。

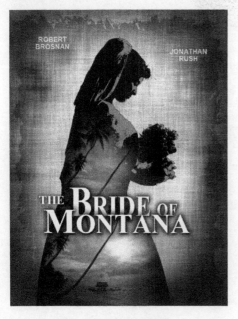

图 9-118　练习 1 效果

图 9-119　练习 2 效果